普通高等教育"十三五"规划教材

基 础 物 理

主　编　尹国盛　张忠锁
副主编　郭富强　陈亚杰

U0174517

机械工业出版社
CHINA MACHINE PRESS

本书是专为高等学校各工科专业的对口生和文科生编写的,其内容及难易程度介于大学物理与初中物理之间,实现了大学物理与初中物理的对接,以便为学好大学物理及其他后续课程奠定基础.

全书内容包括力学、热学、电磁学、振动和波、光学和原子与原子核物理学等基础知识. 书中有帮助学生复习掌握基础知识的例题、习题(包括判断题、选择题、填空题、简答题、计算题和论述题),书末附有习题参考答案,解题过程可通过扫描下方二维码获取.

本书可作为高等学校(包括各类独立学院、民办高校、职业技术院校等)各工科专业的学生自我补习或学校组织的"物理"补课班使用,亦可作为中等专业学校的"物理"课程教材,或供各类物理教师和有关人员参考.

图书在版编目(CIP)数据

基础物理/尹国盛,张忠锁主编 . —北京:机械
工业出版社,2018.7 (2024.6重印)

普通高等教育"十三五"规划教材

ISBN 978-7-111-59825-1

Ⅰ.①基… Ⅱ.①尹… ②张… Ⅲ.①物理学-
高等学校-教材 Ⅳ.①O4

中国版本图书馆 CIP 数据核字(2018)第 105704 号

机械工业出版社(北京市百万庄大街22号 邮政编码100037)
策划编辑:张金奎 责任编辑:张金奎
责任校对:王 延 封面设计:张 静
责任印制:单爱军
北京虎彩文化传播有限公司印刷
2024年6月第1版第6次印刷
184mm×260mm·9印张·211千字
标准书号:ISBN 978-7-111-59825-1
定价:25.00元

电话服务 网络服务
客服电话:010-88361066 机 工 官 网:www.cmpbook.com
　　　　 010-88379833 机 工 官 博:weibo.com/cmp1952
　　　　 010-68326294 金 书 网:www.golden-book.com
封底无防伪标均为盗版 机工教育服务网:www.cmpedu.com

前　言

物理学是研究物质的基本结构、基本运动形式、相互作用及其转化规律的自然科学. 它的基本理论渗透在自然科学的各个领域，应用于生产技术的各个方面，是其他自然科学和工程技术的基础. 在人类追求真理、探索未知世界的过程中，物理学展现了一系列科学的世界观和方法论，深刻影响着人类对物质世界的基本认识、人类的思维方式和社会生活，是人类文明发展的基石，在人才的科学素质培养中具有非常重要的地位. 调查统计表明，全国高校中学习物理课程的学生达到 60% 以上. 在工科各专业中，近年来有相当一部分学生是对口生和文科生，他们没有学过或学过很少的高中物理，进入大学后，很难适应大学物理课程的学习，这对人才的培养十分不利. 为弥补这个缺憾，我们在总结近几年教学实践经验的基础上，特编写了这本《基础物理》，以供同学们自我补习或学校组织的补课班使用. 本书的出版，得到了"河南省高等学校优秀基层教学组织建设项目"（教高〔2017〕730 号）和"河南省教育厅教师教育教改项目"（2014—JSJYYB—008）的资助.

本书的特色主要体现在"基础"二字上，它的内容及难易程度介于大学物理与初中物理之间，相当于高中物理但又不等同于高中物理，主要是为学好大学物理及其他后续课程奠定基础，实现大学物理与初中物理的对接. 全书内容包括力学、热学、电磁学、振动和波、光学和原子与原子核物理学等基础知识. 书中有帮助学生复习掌握基础知识的例题、习题（包括判断题、选择题、填空题、简答题、计算题和论述题）.

全书共分 10 章，由尹国盛教授（郑州工业应用技术学院）和张忠锁教授（郑州工业应用技术学院）担任主编，郭富强讲师（郑州工业应用技术学院）和陈亚杰硕士（郑州工业应用技术学院）担任副主编. 编写人员的具体分工为：尹国盛编写绪论和第 1、2、3 章，张忠锁编写第 4、10 章，陈亚杰编写第 5、6、7 章，郭富强编写第 8、9 章，商丘工学院的钟家富副教授参加了部分内容的编写工作. 全书由尹国盛教授统稿并定稿.

借本书出版之际，特向郑州工业应用技术学院基础教学部主任刘学忠副教授，河南大学的杨毅教授、郑海务教授，河南应用技术职业学院的骆慧敏高级讲师，郑州工业应用技术学院的宋太平教授、路莹教授、郝东山教授、刘舜民教授、于涛副教授、侯晨霞副教授及邵亚云硕士、侯宏涛硕士、项会雯硕士、赵燕燕硕士等给予作者的帮助表示衷心的感谢.

由于中学物理的知识点很多，而同学们的学习非常紧张，补课班的课时又很少，所以本书只选入了基础物理中要求必须掌握的内容，为此，恳请读者、同行在使用该书的过程中，对其中的不足之处予以批评指正.

编　者
2018 年 2 月

目　录

绪 论

一、什么是物理学?

在西方,从古希腊时代起,人们开始将对大自然的认识与理解笼统地归纳进一门学科里,那就是自然哲学."物理学"一词最先出自希腊文"Φνσικα"(英文写作"physics"),其本意是指自然.在我国,物理一词起源于"格物致理",即考察实物的形态和变化,总结研究它们的规律.晋代(265—420)时,也已有"物理"一词,只不过当时它的含义还是泛指事物之理.时至今日,物理学则被定义为研究物质基本结构、基本运动形式、相互作用及其转化规律的自然科学.

从古希腊的自然哲学算起,物理学的发展已有 2 600 多年的历史.早期的物理学(即自然哲学)含义很广,它包括人类在直觉经验基础上探寻一切自然现象的哲理.到了 16 世纪,哥白尼创建了日心说,该学说经过伽利略、布鲁诺和开普勒等人的继承与发展,终于引起了一场科学革命,使自然科学从神学中解放出来,并开始大踏步前进.同时,这一时期出现的通过实验来检验理论真伪、将实验与理论相结合的研究方法对后世影响深远.17 世纪时,牛顿出版了《自然哲学的数学原理》一书,他所提出的三大运动定律为经典力学奠定了理论基础,同时也标志着经典物理学的诞生,物理学从此开始真正成为一门精密的科学.18 ~ 19 世纪,物理学取得了突飞猛进的发展,经典力学以及随后发展起来的热力学与统计物理学、光学和电磁学等,使物理学已经形成一个完整的理论体系,至此,经典物理学的大厦建立了起来.

19 世纪末,正当人们欢庆辉煌的经典物理学大厦落成的时候,在物理学晴朗的天空中却漂浮着两朵"乌云"——其中一朵是热辐射中所谓的"紫外灾难",另一朵则是指迈克耳孙-莫雷实验否定了"以太"的存在.这些新的问题表明,经典物理学在微观世界领域和面对高速运动现象时遇到了困难,由此开展的研究引发了物理学史上一场伟大的革命,相对论和量子力学诞生了,在此基础上近代物理学也开始建立和发展起来.相对论和量子力学的创立表明人类认识世界的活动已进入一个新的阶段,人类探索物质结构及其运动规律的能力达到了前所未有的高度.以相对论和量子力学作为两大支柱,物理学又逐渐发展出一系列分支学科,如粒子物理、凝聚态物理和激光物理等,物理学迅速向更为广阔的领域扩展开来,它已经、并将继续改变着我们的生产和生活方式.

二、为什么要学物理学?

物理学的基本理论渗透在自然科学的各个领域,应用于生产技术的各个方面,是其他自然科学和工程技术的重要基础.在人类追求真理、探索未知世界的过程中,物理学展现了一系列科学的世界观和方法论,深刻影响着人类对物质世界的基本认识、人类的思维方式和社会生活,是人类文明发展的基石,在人才的科学素质培养中具有十分重要的地位.以物理学基础为内容的大学物理课程,是高等学校理工科各专业学生的重要通识性必修基础课程之一.

正是由于物理学所具有的普遍性和基本性，使其与许多学科关系密切，具有极强的渗透性．物理学与天文学之间的关系密不可分，二者之间的"血缘关系"从物理学的创建之日起就已存在．物理学中的许多理论成果都来源于天文学的观测，而天文学的发展同样得益于物理学基础理论和实验手段的进步．物理学对化学的发展影响深远．早期化学对分子、原子的研究，以及化学元素周期表等均为物理学相关理论（如气体动理论等）的研究和论证提供了有力支持，而物理学理论的发展，尤其是量子力学的建立，使许多化学现象和理论从本质上得到了解释，并直接导致了物理化学和量子化学等重要分支的产生．另外，物理学与生物学之间关系密切，物理学上能量守恒定律的发现曾得益于生物学，物理学则不断为生物学研究提供着有力的实验工具．物理学与生物学之间相互渗透，已取得了包括 DNA 双螺旋结构的确定、耗散结构理论的建立等在内的一系列重大成就，同时还产生了生物物理这一前途无量的交叉学科．除此以外，数学、地质学、哲学、教育学、心理学等众多学科的研究和发展也与物理学有着千丝万缕的联系，物理学作为自然科学中最基础的学科之一，在自然科学中有着极其特殊的地位．

物理学与工程技术发展之间的关系更为密切．随着社会生产力的不断发展，相应的技术手段也需要不断提高，在此过程中，工程技术的发展常常会向物理学提出新的问题和要求，从而促使物理学在理论上获得发展，其结果也使工程技术得到新的提高．例如，17～18 世纪蒸汽机等热机的发明为热力学的建立与发展提供了契机，而热力学的发展进一步推动了热机技术的进步．在牛顿力学和热力学发展的基础之上，人类实现了历史上的第一次工业革命．19 世纪法拉第电磁感应定律的发现与麦克斯韦电磁理论的建立，直接推动了电气化技术的迅速发展，从而实现了第二次工业革命．第三次工业革命是以原子能、电子计算机、空间技术和生物工程的发明和应用为主要标志，涉及信息技术、新能源技术、新材料技术、生物技术、空间技术和海洋技术等诸多领域的一场信息控制技术革命．这次革命不仅极大地推动了人类社会经济、政治、文化领域的变革，而且也影响了人类生活方式和思维方式，使人类社会生活和人的现代化向更高境界发展．进入 21 世纪，第四次工业革命的进程又开始了！这次革命正在彻底颠覆我们的生活、工作和互相关联的方式．无论是规模、广度还是复杂程度，第四次工业革命都与人类过去经历的变革截然不同．尽管我们对这次革命尚未完全了解，但以大数据、互联网和人工智能等信息技术为核心的绿色工业革命的特征已经凸显．仅以移动设备为例，如今，移动设备将地球上几十亿人口连接到了一起，具有史无前例的处理和存储能力，并为人们提供获取知识的途径，由此创造了无限的可能性．此外，各种新兴突破性技术出人意料地集中出现，涵盖了诸如机器人、物联网、无人驾驶交通工具、3D（三维）打印、能源储存、量子计算等诸多领域．土木工程、机电工程、信息工程、医药工程等各行各业都在发生重大转变．现代的技术发展往往来源或者依赖于物理学的发展，技术领域的重大突破常常要经历一段较长时间的物理学探索．历史表明，每当物理学在理论方面取得重大突破之后，必然会引起应用技术方面的伟大创新与变革，而这些技术上的发展同样会为物理学带来更为有力的研究手段和条件．在现今的众多高科技、高技术领域，物理学的基础理论都发挥着关键作用，可以说，物理学是现代应用技术最重要的基础．

三、怎样才能学好物理学？

学习物理学，不仅可以掌握物理学中的基本概念和原理，了解物质世界最基本、最普遍的运动规律，而且物理学的思想和方法，对观察能力、逻辑判断能力、抽象思维能力、分析问题和解决问题的能力，以及创新思维能力的培养，都将产生很大的帮助，从而使个人素质得到提高.

既然物理学如此重要，那么，我们怎样才能学好物理学呢？

首先，应从整体上对所学的物理学知识进行全面的了解，构建起整体与局部的框架结构，而不能仅仅掌握一些定律和公式，或者将所学知识内容孤立开来而无视各部分之间的联系. 学习物理学，只注意它的结论是不够的，同时更应注意物理学规律的发现和完善的过程，往往正是这些过程才更能体现物理学的研究方法，对于提高学习者的素质也更有价值. 因此，应该在学习过程中注意理解和掌握物理学的概念、图像，以及其发展历史、现状和前沿等.

其次，在学习过程中要勤于思考和联系实际. 学习物理学时，除了要了解主要原理、定理、定律和公式的基本内容、逻辑思路与推导方法，还应注意理论与实践的结合，将物理学的基本理论与教学实验、日常生活实践等联系起来，以深化对理论知识的理解并提高分析问题的能力.

其三，对于物理课程的学习，还应注意课下需要做一定量的习题，因为很多内容并不能在课内掌握，而是需要在课下进一步理解、消化才能真正掌握.

最后，我们以理查德·费曼在其著作《费曼物理学讲义》中的一段话作为本篇的结束语，"我讲授的主要目的，不是帮助你们应付考试——甚至不是帮助你们服务于工业或国防. 我最想做的是给出对于这个奇妙世界的一些欣赏，以及物理学家看待这个世界的方式，我相信这是当今时代真正文化的主要部分. 也许你们将不仅欣赏到这种文化，甚至也可能会加入到人类智慧已经开始的这场伟大的探险中去."

第1章　质点的运动

抬头观察周围物体时，可以发现组成宇宙的所有物体都在不停地运动.不同物体具有不同的运动形式，其中机械运动是最基本、最简单的运动形式.物体间或者物体各部分间相对位置的变动，称为机械运动.力学就是研究机械运动的规律及其应用的一门学科.本章主要介绍描述质点运动的基本概念和基本物理量，讨论匀变速直线运动和平面曲线运动.

1.1　质点和参考系

1.1.1　质点和质点系

研究物体的运动，关键是找出其中最本质的内容，并建立理想模型，通过对理想模型的分析，揭示内在的规律.质点和质点系正是两个基本的理想模型.

1. 质点　真实的物体具有不同的形状和外貌，研究物体运动时可以不考虑其表面形貌和内部结构，而只考虑其占据的空间位置及质量.具有质量而没有形状和大小的理想物体，称为质点，即质点是具有质量的点.质点是一种理想模型，一个物体能否看作质点，应该考虑被研究对象所处的环境是否与物体的大小无关.看起来很小的物体不一定能当成质点，而很大的物体有时也可以作为质点处理.通常情况下，如果研究的运动不涉及物体的转动和物体各部分的相对运动，可将其视为质点.如研究原子物理时，即使像原子这样小的微观物体，也必须考虑其结构.而在研究行星的公转时，大如地球的物体也可以视为质点.某个物体在一个问题中可以看作质点，在另一个问题中却未必能作为质点来处理.如研究马路上行驶的汽车，当仅研究它运动的快慢和路程时，可以将其看作质点，而略去内部各部分的运动.当研究汽车的平衡时则必须考虑汽车的结构，不能将其看作质点了.

2. 质点系　由两个或两个以上的质点组成的系统，称为质点系.将质点的运动规律应用于质点系，就可以解决复杂的物理问题.

1.1.2　参考系和坐标系

任何物理过程的发生和进行都与时间和空间相联系.为了定量地描述物体的运动，需要选定参考系和坐标系.

1. 参考系　宇宙中所有的物体都无时无刻不在运动，从这一点上来说，运动是绝对的.但是人们在生活中通常描述某个物体是运动或静止，这是相对于某一参考系而言的.为了描述物体运动的规律，确定物体的位置和位移，被选作参考的物体或物体群，称为参考系.如果物体相对于参考系的位置在变化，表明物体相对于该参考系在运动，我们就说这个物体在运动；如果物体相对于参考系的位置保持不变，表明物体相对于该参考系是静止的.离开具体的参考系描述运动和静止是没有意义的. 从这一点上说，物体是运动还是静止是相对而言的，同一物体相对于不同的参考系，可能具有不同的运动状态. 静止是相对的，是相对于所选的参考系而言的，没有绝对意义上的静止. 例如，坐在行驶的列车上的人，看到邻座的乘客是静止的，乘务员在来回走动；但从地面上的人看来，乘客和乘务员都在以很高的速度前进.

要研究和描述物体的运动，只有在选定参考系后才能进行，选取参考系是研究问题的关键之一. 参考系的选取是任意的，任何一个物体都可以作为参考系. 但选择合适的参考系可以使问题变得简单. 为了研究物体在地面上的运动，通常选地球为参考系. 实验室常固定在地球上，故又称为实验室参考系.

2. 坐标系　为了定量描述运动，说明质点的位置、运动的快慢和方向，需要建立坐标系. 在选定参考系后，为确定空间一个点的位置，按照规定方法选取的有次序的一组数据，就是坐标. 坐标系的种类很多，如直角坐标系、自然坐标系等. 选择适当的坐标系可以使所研究的问题容易解决.

1.1.3　空间和时间

人们在对宇宙的长期观测中逐渐形成了空间和时间的概念. 宇宙中的物体在不停地运动和变化着，使用空间和时间的概念描述运动，人们对物体运动的认识可以达到定量清晰、可分析的境界.

1. 空间　空间描述物体的位置和形态，表示物体分布的秩序. 物理空间是以长度的单位为基础进行描述的. 在国际单位制（SI）中，长度的单位是米，符号为 m.

2. 时间　时间描述事件的先后顺序. 将时间的流逝过程看作时间轴，时刻是时间流逝中的"一瞬"，对应于时间轴上的一点，任何质点在某个位置与一个时刻联系在一起，事件开始于某个时刻，事件的结束与另一时刻相对应. 时间是时间间隔的简称，指从某一初始时刻到终止时刻所经历的时间间隔. 每一个事件的进行过程都是与一个时间相联系的. 可见，时间和时刻都是与运动相联系的，离开了运动，也就谈不上时间和时刻. 例如，我们说上午第一节 8：20 开始上课，9：05 下课，第一节上了 45 分钟的课，这里，8：20 和 9：05 就是两个时刻，而 45 分钟则是时间. 在国际单位制（SI）中，时间和时刻的单位都是秒，用符号 s 表示.

1.1.4　标量和矢量

在研究物理学以及其他应用科学时常常遇到两种不同性质的量：标量和矢量.

1. 标量　只有数值大小而没有方向的物理量称为标量. 这里数值的含义包括正负在内. 例如，时间、路程、质量、功、动能、势能、能量、温度、电量、电势等物理量都是标量.

2. 矢量　既具有数值大小又有方向且加法遵从平行四边形法则的物理量称为矢量（亦称为向量）. 例如，位移、速度、加速度、力、动量、电场强度和磁感应强度等均为矢量. 实际上，矢量概念正是由于研究物理问题的需要而产生出来的. 矢量可以用有向线段表示$^{\ominus}$.

$\ominus$　在"大学物理"中，矢量采用字母加粗或字母上方加箭头的形式来表示。本书作为"大学物理"的过渡，暂按"中学物理"的表示方式，对矢量只作文字说明。——编辑注

1.1.5　国际单位制

物理学建立在最简单、最基本的概念基础之上，有了时间、长度和质量的基本标准后，其他物理量在这些标准上，通过物理方程式和一定的单位规定相联系，从而建立完整的单位体系，即单位制问题．我们以力学为例介绍单位制．

1. 基本单位和导出单位　在说明某个物理量为多少时，必须同时说明单位，否则没有意义．如果选择某物理量直接规定其单位，则称其为<u>基本物理量</u>，其单位称为<u>基本单位</u>．不直接规定其单位的物理量称为<u>导出量</u>，其单位需由该物理量和基本量的关系来决定，称为<u>导出单位</u>．不同的基本单位、导出单位和辅助单位就形成不同的单位制．如中学学过的匀速直线运动公式 $s = vt$，设它们的单位分别为 km（千米）、km/h（千米/时）和 h（时）．则有

$$s[\text{km}] = v[\text{km/h}] t[\text{h}]$$

如果单位改变了，公式也会改变，但不管怎么选择单位，根据同一规律写出的物理公式的差别，仅仅是差一个常数．

如将 s 的单位换为 m（米），其他量的单位不变，则因 s 的单位变小而测得数值变大，上面的公式变为

$$s[\text{m}] = 1\,000 v[\text{km/h}] t[\text{h}]$$

2. 国际单位制　由于各国的发展历史不同，不同国家采用不同的单位制．为了学术上方便交流，1960 年第 11 届国际计量大会通过了<u>国际单位制</u>（代号 SI），制定其基本单位、导出单位和辅助单位．它选择七个量作为基本量，即长度、质量、时间、电流、温度、物质的量和发光强度．其基本单位分别为 m（米）、kg（千克）、s（秒）、A（安培）、K（开尔文）、mol（摩尔）和 cd（坎德拉），如表 1.1 所示．我国现在使用的量和单位按国家技术监督局 1993 年发布的中华人民共和国国家标准即 GB3100～3102—93《量和单位》执行．

表 1.1　国际单位制的基本单位

物理量名称	物理量符号	单位名称	单位符号
长度	l	米	m
质量	m	千克	kg
时间	t	秒	s
电流	I	安〔培〕[①]	A
热力学温度	T	开〔尔文〕	K
物质的量	$n, (v)$	摩〔尔〕	mol
发光强度	$I, (I_v)$	坎〔德拉〕	cd

① 方括号前的字是该单位的中文简称和中文符号，下同．

在国际单位制中，将平面角的单位 rad（弧度）和立体角的单位 Sr（球面度）作为辅助单位．

用国际单位制在表示某些物理量时，为了使表达更清楚简明，国际单位制中规定了 20 个 SI 词头，用于构成 SI 单位的倍数单位，方便在很大的单位测很小的量或用很小的单位测很大的量时使用．如长度单位中的厘米（cm）、毫米（mm），质量单位中的克（g）等．SI 词头的名称及符号如表 1.2 所示．

表 1.2　国际单位制中的 SI 词头

词 头 符 号	词头英文名称	数 量 级	词头中文名称
y	yocto	10^{-24}	幺［科托］①
z	zepto	10^{-21}	仄［普托］
a	atto	10^{-18}	阿［托］
f	femto	10^{-15}	飞［母托］
p	pico	10^{-12}	皮［可］
n	nano	10^{-9}	纳［诺］
μ	micro	10^{-6}	微
m	milli	10^{-3}	毫
c	centi	10^{-2}	厘
d	deci	10^{-1}	分
da	deka	10^{1}	十
h	hecto	10^{2}	百
k	kilo	10^{3}	千
M	mega	10^{6}	兆
G	giga	10^{9}	吉［咖］
T	tera	10^{12}	太［拉］
P	pefa	10^{15}	拍［它］
E	exa	10^{18}	艾［可萨］
Z	zetta	10^{21}	泽［它］
Y	yotta	10^{24}	尧［它］

① 方括号前的字是该词头中文名称的简称和中文符号，下同.

1.2　匀变速直线运动

1.2.1　描述质点运动的几个物理量

1. 位移和路程　一个人从郑州去北京，可以选择不同的交通工具，既可以乘火车，也可以乘飞机，还可以坐长途汽车，亦可以自驾车等. 使用不同的交通工具，运动轨迹是不一样的，但是，就位置的变动来说，他总是由郑州到达了东北方向直线距离约为 650 km 的北京.

在物理学中，用位移来表示质点的位置变化. 当质点从 A 点运动到 B 点时，我们从初位置 A 到末位置 B 作一条有向线段 AB，用这条有向线段表示物体在这次运动中发生的位移，如图 1.1 所示.

有向线段的长度表示位移的大小，有向线段的方向表示位移的方向. 位移通常用字母 s 表示，在国际单位制中其单位是米（m）.

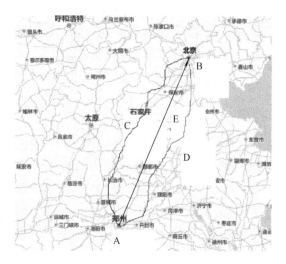

图 1.1　位移和路程

路程是质点运动轨迹的长度. 在图 1.1 中，质点的路程分别是曲线 *ACB*、*ADB* 和 *AEB* 的长度. 在国际单位制中，路程的单位也是米（m）.

位移与路程不同，前者是矢量，而后者是标量；并且若物体在运动过程中经过一段时间后回到原处，其位移为零，而路程不为零.

2. 速度和速率　不同物体的运动，其快慢程度往往不同. 例如，运动员甲在 8 s 内跑过了 64 m，运动员乙在 6 s 内跑过了 54 m，他俩谁跑得快呢？

比较物体运动的快慢有两种方法：一种是在位移相同的情况下，比较所用时间的长短，时间短的，运动得快；另一种是在时间相同的情况下，比较位移的大小，位移大的，运动得快.

由于第二种方法更接近人们的生活习惯，因此，人们把位移 *s* 与发生这个位移所用时间 *t* 的比值称为物体的速度，通常用 *v* 表示，即

$$v = \frac{s}{t} \tag{1.1}$$

速度不但有大小，而且有方向，是矢量. 速度的大小在数值上等于单位时间内位移的大小，速度的方向跟运动的方向相同.

在国际单位制中，速度的单位是米每秒，记作米/秒（m/s），常用的单位还有千米/小时（km/h）.

$$1 \ \text{m/s} = 3.6 \ \text{km/h}$$

我们可计算出前例中运动员甲、乙的速度分别为

$$v_甲 = \frac{s_1}{t_1} = \frac{64}{8} \ \text{m/s} = 8 \ \text{m/s}$$

$$v_乙 = \frac{s_2}{t_2} = \frac{54}{6} \ \text{m/s} = 9 \ \text{m/s}$$

由此可见，运动员乙跑得比甲快.

用上面的公式计算出的速度，表示物体在某段时间（或位移）内运动的平均快慢程度，

称为平均速度. 平均速度只能粗略地描述运动的快慢.

为了使描述更加精确, 就需要选择物体在较短时间内的位移与时间的比值. 如果这段时间取得足够小, 就可以认为是物体在某一时刻（或某一位置）的速度, 称为瞬时速度, 通常简称为速度. 速度是矢量, 是精确描述物体运动快慢程度的物理量.

速度的大小称为速率, 是标量. 汽车上的速度计只能显示汽车速度的大小, 不能显示汽车运动的方向, 所以它显示的实际上是汽车的瞬时速率.

3. 加速度　速度变化的快慢往往是不同的. 世界级的短跑运动员可以在 2 s 内将自身的速度从 0 提高到 10 m/s；迫击炮可以在 0.005 s 内将炮弹的速度从 0 提高到 250 m/s.

为了描述速度变化的快慢程度, 人们引入了加速度的概念. 加速度等于速度的变化量跟发生这一变化所用时间的比值. 如果用 a 表示加速度, 用 v 表示末速度, 用 v_0 表示初速度, 用 t 表示速度变化所用的时间, 则

$$a = \frac{v - v_0}{t} \tag{1.2}$$

在国际单位制中, 加速度的单位是米每二次方秒, 记作米/秒²（m/s²）. 加速度是矢量, 是表示速度变化快慢程度的物理量.

例题 1.1　一辆汽车做匀变速直线运动, 已知其初速度为 36 km/h, 5 s 末的速度为 72 km/h, 则其加速度是多少？

解　由题意可知, $v_0 = 36$ km/h $= 10$ m/s, $v = 72$ km/h $= 20$ m/s, $t = 5$ s, 由加速度公式可得

$$a = \frac{v - v_0}{t} = \frac{20 - 10}{5} \text{ m/s}^2 = 2 \text{ m/s}^2$$

1.2.2　匀变速直线运动的规律

我们日常观察到的运动, 速度经常是不断变化的. 例如, 汽车开动时, 速度越来越大；刹车时, 速度越来越小. 人们把速度不断变化的直线运动, 称为变速直线运动. 如果在任意相等的时间内, 速度的变化量都相等, 这种运动称为匀变速直线运动.

1. 速度公式　如果我们已知一个匀变速直线运动的初速度、加速度, 则可以利用式（1.2）求得任一时刻的速度, 即

$$v = v_0 + at \tag{1.3}$$

式（1.3）称为匀变速直线运动的速度公式, 即速度与时间的关系式.

例题 1.2　一辆汽车做匀变速直线运动, 已知其初速度为 36 km/s, 加速度为 2 m/s², 则其 5 s 末的速度是多少？

解　由题意可知, $v_0 = 36$ km/h $= 10$ m/s, $a = 2$ m/s², $t = 5$ s, 由速度公式可得

$$v = v_0 + at = (10 + 2 \times 5) \text{ m/s} = 20 \text{ m/s} = 72 \text{ km/h}$$

2. 位移公式　在匀变速直线运动中, 位移可以用 $\Delta x = x - x_0$ 表示, 由于加速度是恒定不变的, 所以在一段时间内的平均速度可以表示为

$$\bar{v} = \frac{v_0 + v}{2}$$

这段时间内的位移就是平均速度与时间的乘积, 即

$$\Delta x = \bar{v} t$$

将以上两式与式（1.2）联立，便可得出

$$\Delta x = x - x_0 = v_0 t + \frac{1}{2}at^2 \qquad (1.4a)$$

或者

$$x = x_0 + v_0 t + \frac{1}{2}at^2 \qquad (1.4b)$$

式中，x_0 为初坐标（初位置）、x 为末坐标（末位置），在国际单位制中，它们的单位都是 m. 式（1.4）就是匀变速直线运动的位移公式，即位移与时间的关系式.

例题 1.3 一辆汽车做匀变速直线运动，已知其初速度为 36 km/s，加速度为 2 m/s²，则其在 5 s 内的位移的大小是多少？

解 由题意可知，$v_0 = 36 \text{ km/h} = 10 \text{ m/s}$，$a = 2 \text{ m/s}^2$，$t = 5 \text{ s}$，由位移公式可得

$$\Delta x = v_0 t + \frac{1}{2}at^2 = \left(10 \times 5 + \frac{1}{2} \times 2 \times 5^2\right) \text{ m} = 75 \text{ m}$$

3. 位移与速度的关系 利用式（1.3）和式（1.4）可以得出位移与速度的关系式
$$v^2 - v_0^2 = 2a\Delta x \qquad (1.5)$$

例题 1.4 一辆汽车做匀变速直线运动，已知其初速度为 36 km/s，加速度为 2 m/s²，当其速度为 72 km/h 时位移的大小是多少？

解 由题意可知，$v_0 = 36 \text{ km/h} = 10 \text{ m/s}$，$a = 2 \text{ m/s}^2$，$v = 72 \text{ km/h} = 20 \text{ m/s}$，由位移与速度的关系式 $v^2 - v_0^2 = 2a\Delta x$，可得

$$\Delta x = \frac{v^2 - v_0^2}{2a} = \frac{20^2 - 10^2}{2 \times 2} \text{ m} = 75 \text{ m}$$

物体在做直线运动时，如果在任意时刻速度都不变化，加速度为 0，则这种运动就是匀速直线运动. 此时有

$$a = 0, \quad v = v_0, \quad s = vt \quad \text{或者} \quad \Delta x = vt$$

1.2.3 自由落体运动

1. 重力加速度 物体只在重力作用下从静止开始下落的运动，称为自由落体运动. 这种运动只有在没有空气的空间里才能发生. 在有空气的空间里，如果空气阻力的作用比较小，可以忽略不计，物体的下落也可以看作是自由落体运动.

通过实验发现，自由落体运动是初速度为零的匀加速直线运动，而且在同一地点，一切物体自由下落的加速度都相同，这个加速度称为重力加速度，通常用 g 来表示.

重力加速度的方向竖直向下，大小随地理位置的改变而略有不同. 通常计算中，可以把 g 取作 9.8 m/s²；在粗略计算时，可把 g 取作 10 m/s².

2. 自由落体运动的规律 由于在自由落体运动中，初速度 $v_0 = 0$，加速度 $a = g$，因此，取坐标轴 y 向下为正方向，则自由落体运动的规律可表示为

$$v = gt, \quad y = \frac{1}{2}gt^2, \quad v^2 = 2gy \qquad (1.6)$$

例题 1.5 已知某物体从楼上自由落下，经过高为 2.0 m 的窗户所用的时间为 0.2 s. 物体是从距窗顶多高处自由落下的？（取 $g = 10 \text{ m/s}^2$）

解 由题意知，$\Delta y = 2.0 \text{ m}$，$t_2 = 0.2 \text{ s}$，由自由落体运动的规律可知

$$y_1 = \frac{1}{2}gt_1^2 \qquad\qquad ①$$

$$v_1 = gt_1 \qquad\qquad ②$$

$$\Delta y = y_2 - y_1 = v_1 t_2 + \frac{1}{2}gt_2^2 \qquad\qquad ③$$

将式③代入已知数据，得 $v_1 = 9 \text{ m/s}$

将其代入式②，得 $t_1 = 9/10 \text{ s}$

再将其代入式①，得 $y_1 = 4.05 \text{ m}$

即物体是从距窗顶为 4.05 m 的高处自由落下的.

1.3　平面曲线运动

在通常情况下，物体的运动形式是曲线运动，若运动被约束在一个平面上，则称为平面曲线运动. 这里仅讨论两个基本的情况.

1.3.1　抛体运动

将质点以和水平面成某一角度抛射出去，若不考虑空气阻力的影响，则质点作抛体运动. 为研究抛体运动的方便，一般选坐标轴与加速度方向平行或垂直，建立如图 1.2 所示的平面直角坐标系. 以抛出点为时间零点，即 $t=0$ 时质点位于原点，此时刻质点的速度称为初速度，以 v_0 表示，初速度方向与 x 轴正向之间的夹角称为抛射角，以 θ 表示，则 v_0 在 x 轴和 y 轴方向的分量分别为

$$v_{0x} = v_0\cos\theta, \quad v_{0y} = v_0\sin\theta$$

质点任意时刻 t 的速度以 v 表示，质点在整个运动过程中的加速度为重力加速度. 由于整个运动过程中，加速度的方向始终竖直向下，因而有抛体运动的运动方程可表示为沿 x 轴和 y 轴的分量形式

$$x = v_0 t\cos\theta, \quad y = v_0 t\sin\theta - \frac{1}{2}gt^2 \qquad (1.7)$$

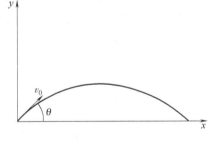

图 1.2　抛体运动

消去两个分量中的时间 t 即可得到抛体的运动轨迹方程

$$y = x\tan\theta - \frac{gx^2}{2v_0^2\cos^2\theta} \qquad (1.8)$$

这是一条抛物线，即抛体运动的轨迹为一条抛物线. 若令上式中 $y=0$，则可求得抛物线与 x 轴的另一交点的横坐标，即

$$X = \frac{v_0^2\sin 2\theta}{g} \qquad (1.9)$$

此即抛体的射程. 质点的初速度 v_0 一定的情况下，当 $\sin 2\theta = 1$ 时，上式取最大值，即抛射角度 $\theta = 45°$ 时，抛体的射程最大.

当质点运动至最高点时，$v_y = v_0\sin\theta - gt = 0$，即 $t = \dfrac{v_0\sin\theta}{g}$，代入式（1.7）可得质点运动所能到达的最大高度，即射高

$$Y = \frac{v_0^2 \sin^2 \theta}{2g} \qquad (1.10)$$

例题 1.6 将一个物体以 10 m/s 的速度从 10 m 的高度水平抛出，落地时它的速度方向与地面的夹角 θ 是多少？（不计空气阻力，取 $g = 10$ m/s²）

解 由题意可知，这是一个平抛运动（初速度是沿水平方向的抛体运动），它可以看作是沿水平方向的匀速直线运动与沿竖直方向的自由落体运动的合成. 以抛出时物体的位置为原点建立直角坐标系，x 轴沿初速度方向，y 轴竖直向下，如图 1.3 所示.

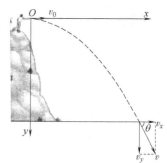

因为抛出时，$v_0 = 10$ m/s，$y = 10$ m；落地时，

$$v_x = v_0 = 10 \text{ m/s}, \quad v_y^2 = 2gy$$

即

$$v_y = \sqrt{2gy} = \sqrt{2 \times 10 \times 10} \text{ m/s} = 14.1 \text{ m/s}$$

$$\tan\theta = \frac{v_y}{v_x} = \frac{14.1}{10} = 1.41$$

所以

$$\theta \approx 55°$$

图 1.3　平抛运动

即物体落地时速度方向与地面的夹角约是 55°.

1.3.2　匀变速圆周运动

物体沿着圆周的运动称为圆周运动. 圆周运动是一种常见的运动，日常生活中，电风扇工作时叶片的转动、钟表指针的转动及车床工件的转动等均属于圆周转动. 物体的圆周运动可利用<u>角坐标 θ</u>、<u>角速度 ω</u> 和<u>角加速度 α</u> 等一些角量来描述.

当物体做匀变速圆周运动时，角加速度为常量，角速度、角位移的相应公式为

$$\omega = \omega_0 + \alpha t$$
$$\theta = \theta_0 + \omega_0 t + \frac{1}{2}\alpha t^2 \qquad (1.11)$$
$$\omega^2 = \omega_0^2 + 2\alpha(\theta - \theta_0)$$

式中，ω_0 和 θ_0 是 $t = 0$ 时物体的角速度和角坐标. 在国际单位制中，角坐标 θ、角速度 ω 和角加速度 α 的单位分别是弧度（rad）、弧度每秒（rad/s）和弧度每二次方秒（rad/s²）. 式（1.11）这组公式同质点做匀变速直线运动的公式相似. 由此可见，描述圆周运动的角量与描述直线运动的线量存在有一定的关系.

物体做圆周运动时的线速度 v、角速度 ω 的大小及圆周半径 r 之间存在如下关系：

$$v = r\omega \qquad (1.12)$$

物体做圆周运动的加速度 a 可以用<u>切向加速度 a_t</u> 和<u>法向加速度 a_n</u> 表示. 前者反映速率的改变率，后者反映速度方向的改变率. 它们与角加速度 α 的关系为

$$a_t = r\alpha, \quad a_n = \frac{v^2}{r} = \omega^2 r \qquad (1.13)$$

如果物体沿着圆周运动，并且线速度的大小处处相等，这种运动称为匀速圆周运动. 应当注意，匀速圆周运动的线速度方向是在时刻变化的，因此它仍是一种变速运动，这里的"匀速"是指速率不变.

物体做匀速圆周运动的切向加速度 a_t 为零，而法向加速度 a_n 始终指向圆心，因此可以

得出结论：任何做匀速圆周运动的物体的加速度都指向圆心，这个加速度称为<u>向心加速度</u>：

$$a = a_n = \frac{v^2}{r} = \omega^2 r \tag{1.14}$$

例题 1.7　汽车在半径为 100 m 的圆弧形公路上行驶，求汽车速度为 36 km/h 时的向心加速度.

解　由题意可知，$r = 100$ m，$v = 36$ km/h $= 10$ m/s，由向心加速度的公式得

$$a_n = \frac{v^2}{r} = \frac{10^2}{100} \text{ m/s}^2 = 1 \text{ m/s}^2$$

习 题

一、判断题

1.1　只有质量和体积都很小的物体才能看成质点.　　　　　　　　　　（　　）

1.2　参考系可以任意选取，但一般遵循描述运动方便的原则.　　　　　（　　）

1.3　电台报时说"现在是北京时间 8 点整"这里的"8 点整"实际上指的是时刻.

（　　）

1.4　在国际单位制（SI）中，长度的单位是米，符号为 m.　　　　　　（　　）

1.5　在单向直线运动中，位移的大小等于路程.　　　　　　　　　　　（　　）

1.6　在直线运动中，瞬时速度的方向就是物体在该时刻或该位置的运动方向.（　　）

1.7　物体的速度很大，加速度一定不为零.　　　　　　　　　　　　　（　　）

1.8　物体的加速度增大，其速度一定增大.　　　　　　　　　　　　　（　　）

1.9　做直线运动的物体，加速度减小，速度也一定减小.　　　　　　　（　　）

1.10　做匀变速直线运动的物体的速度均匀变化.　　　　　　　　　　（　　）

1.11　不计空气阻力，物体从某高度由静止下落，任意两个连续相等的时间间隔 t 内的位移之差恒定.　　　　　　　　　　　　　　　　　　　　　　　　（　　）

1.12　平抛运动是匀变速曲线运动.　　　　　　　　　　　　　　　　（　　）

1.13　平抛运动的竖直分运动是自由落体运动.　　　　　　　　　　　（　　）

1.14　匀速圆周运动的加速度恒定不变.　　　　　　　　　　　　　　（　　）

二、填空题

1.1　研究一个物体的运动时，如果物体的_____和_____对问题的影响可以忽略不计，该物体就可以看作质点.

1.2　选取不同的参考系来观察同一个物体的运动，其运动性质一般是_____的.

1.3　运动员在标准的 400 m 椭圆形跑道上跑了 2 圈，他跑过的位移是_____ m，路程是_____ m.

1.4　火车晚点了半个小时，这里的"半个小时"指的是_____.

1.5　在国际单位制中，7 个严格定义的基本单位是长度、质量、时间、电流、_____、物质的量和_____.

1.6　若规定向东方向为位移正方向，今有一个足球停在坐标原点处，轻轻踢它一脚，使它向东做直线运动，经过 5 m 时与墙相碰后又向西做直线运动，经过 7 m 停下，则上述过

程足球通过的路程和位移分别是_____ m 和_____ m.

1.7　汽车遇紧急情况刹车，经 1.5 s 停止，刹车距离为 9 m. 若汽车刹车后做匀减速直线运动，则汽车停止前最后 1 s 的位移是_____ m.

1.8　一物体自距地面高为 H 处自由下落，经时间 t 后落地，此时的速度为 v，则 $t/2$ 时物体距地面的高度为_____.

1.9　以一定的初速度沿水平方向抛出的物体只在重力作用下的运动称为_____.

1.10　平抛运动可以分解为水平方向的_____运动和竖直方向的自由落体运动.

1.11　做匀速圆周运动的物体，其加速度的大小_____，方向始终指向_____.

三、选择题

1.1　［对质点的理解］以下情景中，可以看成质点的是　　　　　　　　　（　　）

A. 研究一列火车通过长江大桥所需的时间；

B. 乒乓球比赛中，运动员发出的旋转球；

C. 研究航天员翟志刚在太空出舱挥动国旗的动作；

D. 用北斗导航系统确定打击海盗的"武汉"舰在大海中的位置.

1.2　［对参考系的理解］（多选）从水平匀速飞行的直升机上向外自由释放一个物体，不计空气阻力，在物体下落过程中，下列说法正确的是　　　　　　　（　　）

A. 从直升机上看，物体做自由落体运动；

B. 从直升机上看，物体始终在直升机的后方；

C. 从地面上看，物体做平抛运动；

D. 从地面上看，物体做自由落体运动.

1.3　［对质点、参考系和位移的理解］在"金星凌日"的精彩天象中，观察到太阳表面上有颗小黑点缓慢走过，持续时间达六个半小时，那便是金星，这种天文现象称为"金星凌日"，如图 1.4 所示. 下面说法正确的是　　　（　　）

A. 地球在金星与太阳之间；

B. 观测"金星凌日"时可将太阳看成质点；

C. 以太阳为参考系，金星绕太阳一周位移不为零；

D. 以太阳为参考系，可以认为金星是运动的.

图 1.4　选择题 1.3 用图

1.4　关于时刻和时间，以下说法正确的是（多选）　　　　　　　　　（　　）

A. 时刻表示时间极短，时间表示时刻极长；

B. 在时间轴上，时刻对应点，时间对应线段；

C. 1 分钟只能分成 60 个时刻；

D. 电台报时时，"现在是北京时间七点整"，这里的"七点整"实际上指的是时刻.

1.5　下列关于矢量和标量的说法正确的是　　　　　　　　　　　　　（　　）

A. 矢量和标量没有严格的区别，同一个物理量可以是矢量，也可以是标量；

B. 矢量都是有方向的；

C. 时间、时刻是标量，路程是矢量；

D. 初中学过的电流是有方向的量，所以电流是矢量.

1.6　以下单位符号不属于国际单位制的基本单位符号的是　　　　　　　（　　）

A. m B. T C. s D. mol

1.7 ［位移和路程］在田径运动会 400 m 比赛中，终点在同一直线上，但起点不在同一直线上，如图 1.5 所示. 关于这样的做法，下列说法正确的是　　　　　　　　　（　　）

A. 这样做是为了使参加比赛的同学位移大小相同；

B. 这样做是为了使参加比赛的同学路程相同；

C. 这样做是为了使参加比赛的同学所用时间相同；

D. 这种做法其实是不公平的，明显对外侧跑道的同学有利.

图 1.5　选择题 1.7 用图

1.8　关于速度、速度改变量和加速度，下列说法正确的是　　　　　　（　　）

A. 物体运动的速度改变量很大，它的加速度一定很大；

B. 速度很大的物体，其加速度可以很小，可以为零；

C. 某时刻物体的速度为零，其加速度一定为零；

D. 加速度很大时，运动物体的速度一定很大.

1.9　科学研究发现：在月球表面没有空气，重力加速度约为地球表面处重力加速度的 1/6. 若宇航员登上月球后，在空中同一高度处同时由静止释放羽毛和铅球，忽略地球和其他星球对它们的影响，下列说法中正确的是　　　　　　　　　　　（　　）

A. 羽毛将加速上升，铅球将加速下落；

B. 羽毛和铅球都将下落，且同时落到月球表面；

C. 羽毛和铅球都将下落，但铅球先落到月球表面；

D. 羽毛和铅球都将下落，但落到月球表面时的速度不同.

1.10　［对平抛运动的理解］（多选）对于平抛运动，下列说法正确的是　（　　）

A. 落地时间和落地时的速度只与抛出点的高度有关；

B. 平抛运动可以分解为水平方向的匀速直线运动和竖直方向的自由落体运动；

C. 做平抛运动的物体，在任何相等的时间内位移的增量都是相等的；

D. 平抛运动是加速度大小、方向不变的曲线运动.

四、简答题

1.1　某质点沿半径为 R 的圆周运动一周，它的位移和路程分别为多少？

1.2　如果研究火车经过一座大桥的运动情况时，还能把火车看作是一个质点吗？为什么？

1.3　有加速度的物体一定加速运动吗？为什么？

1.4 匀速圆周运动和匀速直线运动中的两个"匀速"的含义相同吗？有什么区别？

1.5 从离水平地面某一高度的地方平抛的物体，其落地的时间由哪些因素决定？其水平射程由哪些因素决定？平抛的初速度越大，水平射程越大吗？

1.6 如图 1.6 所示，小球从倾角为 θ 的斜面顶端 A 点以速率 v_0 做平抛运动，v_0 越大，小球飞行时间越长吗？

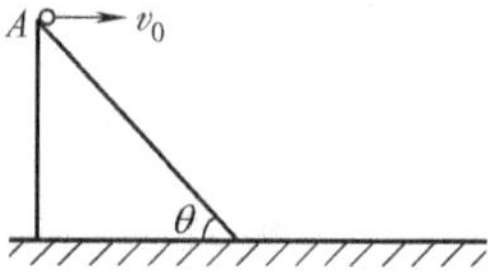

图 1.6 简答题 1.6 用图

五、计算题

1.1 一辆汽车做匀变速直线运动，已知其初速度为 36 km/h，10 s 末的速度为 72 km/h，则其加速度是多少？

1.2 一辆汽车紧急刹车前的速度是 10 m/s，刹车后经过 2 s 车停下来，求汽车的加速度.

1.3 一辆汽车以 40 km/h 的速度匀速行驶，现以 0.6 m/s² 的加速度加速，10 s 后速度达到多少？

1.4 一辆汽车原来的速度是 36 km/h，后来以 0.25 m/s² 的加速度匀加速行驶. 求加速 40 s 时汽车速度的大小.

1.5 一列火车在斜坡上匀加速下行，在坡顶端的速度是 8 m/s，加速度是 0.2 m/s²，火车通过斜坡的时间是 30 s，求这段斜坡的长度.

1.6 如图 1.7 所示，物体自 O 点由静止开始做匀加速直线运动，途经 A、B、C 三点，其中 A、B 之间的距离 $l_1 = 2$ m，B、C 之间的距离 $l_2 = 3$ m. 若物体通过 l_1、l_2 这两段位移的时间相等，则 O、A 之间的距离 l 等于多少？

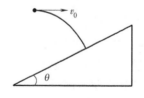

图 1.7 计算题 1.6 用图

1.7 如图 1.8 所示，以 10 m/s 的水平初速度抛出的物体，飞行一段时间后，垂直地撞在倾角为 $\theta = 30°$ 的斜面上，g 取 10 m/s²，这段飞行所用的时间为多少？

图 1.8 计算题 1.7 用图

六、论述题

1.1 结合本章学习的内容，联系自己的专业或生活实际，针对某一方面的内容谈谈自己的理解、认识及应用（自拟题目，不少于 600 字）.

第 2 章 　牛顿运动定律

质点力学大致分为运动学和动力学两部分，其中质点的位置随时间的变化规律是运动学的范畴；而质点运动状态的改变由质点所受的合力决定，属于动力学的范畴．上一章所讨论的就是运动学的内容，本章将讨论动力学的内容．牛顿运动定律就是宏观物体低速运动时所满足的基本规律，它表明了力对物体的瞬时作用效果．本章首先介绍力的概念、力学中几种常见的力、力的合成与分解，然后讨论牛顿运动定律及其应用问题．

2.1　力

2.1.1　力的概念

通过长期实践，人们认识到：物体运动状态的改变或物体形状的改变，都是由于物体间相互作用的结果．于是人们归纳出，<u>力是物体间的相互作用</u>．

我们写字时，手要对笔施力，才能抓牢笔杆随意书写；同时，笔杆对我们的手也施加了力，三个手指都被笔杆挤变了形．

我们踢足球时，足球受到脚对它施加的力，于是向前滚去；同时，我们的脚也会受到足球对它施加的力，脚趾可能会感到疼痛．

如果一个物体的运动状态或形状发生了改变，我们就可以推断出，该物体受到了力的作用．

力的大小可以用弹簧秤测量，如图 2.1 所示．在国际单位制中，力的单位是牛（N）．

1. 力的三要素　力是矢量，它不但有大小，而且有方向．力的作用效果不仅与力的<u>大小</u>、<u>方向</u>有关，还跟力作用在物体上的<u>作用点</u>有关．因此，要把一个力准确地表达出来，就要表明力的这三个要素．

2. 力的图示　人们经常用带箭头的线段表示力．线段是按一定标度画出的，它的长短表示力的大小，它的箭头指向表示力的方向，箭尾表示力的作用点．这种表示力的方法，称为<u>力的图示</u>．

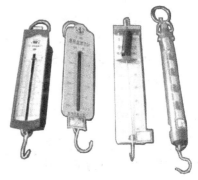

图 2.1　弹簧秤

例如，一个大小为 100 N，与水平方向的夹角为 30° 的拉力的图示，如图 2.2 所示．

有时只需画出力的示意图，即只画出力的作用点和方向，表示物体在这个方向上受到了力，如图 2.3 所示．

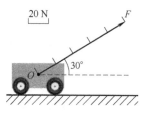

图 2.2　力的图示

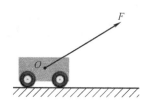

图 2.3　力的示意图

2.1.2　力学中几种常见的力

力学中存在各种形式的力，对物体进行受力分析是解决动力学问题的关键. 力学中常见的力有弹力、摩擦力、万有引力等. 为了研究方便，将力分为不同类型. 摩擦力的大小方向取决于物体所受其他力的作用情况，称为<u>被动力</u>，而万有引力和弹力是<u>主动力</u>. 另外，也可以将弹力和摩擦力称为<u>接触力</u>，而万有引力属于<u>场力</u>.

1. 万有引力　在研究第谷天文资料的基础上，德国天文学家开普勒于 17 世纪初提出了开普勒三定律，定量描述了行星绕太阳运转的椭圆轨道运动. 牛顿将其归结为，一切物体，不论星体之间，还是地球上的物体之间，都存在的一种普适的吸引力，即<u>万有引力</u>，并经过深入研究提出了<u>万有引力定律</u>：在两个相距为 r，质量分别为 m_1、m_2 的质点之间有万有引力，其方向沿着它们的连线，其大小与它们的质量乘积成正比，与它们之间距离 r 的平方成反比，即

$$F = G_0 \frac{m_1 m_2}{r^2} \tag{2.1}$$

式中，质量的单位是 kg；距离的单位是 m；力的单位是 N；G_0 是引力常量，最早由英国物理学家卡文迪许于 1798 年用扭秤实验测出，一般计算时取为 $G_0 = 6.67 \times 10^{-11}$ N·m²/kg².

例题 2.1　按照量子理论，在氢原子中，核外电子快速地运动着，并以一定的概率出现在原子核（质子）的周围各处，在基态下，电子在半径为 0.529×10^{-10} m 的球面附近出现的概率最大. 试计算在基态下，氢原子内电子和质子之间的万有引力的大小. 已知引力常量为 6.67×10^{-11} N·m²/kg²，电子和质子的质量分别为 9.11×10^{-31} kg 和 1.67×10^{-27} kg.

解　由题意知，$G_0 = 6.67 \times 10^{-11}$ N·m²/kg²，$m_1 = 9.11 \times 10^{-31}$ kg，$m_2 = 1.67 \times 10^{-27}$ kg，$r = 0.529 \times 10^{-10}$ m，根据万有引力定律，求得电子和质子之间的万有引力的大小为

$$F = G_0 \frac{m_1 m_2}{r^2} = \left[6.67 \times 10^{-11} \times \frac{9.11 \times 10^{-31} \times 1.67 \times 10^{-27}}{(0.529 \times 10^{-10})^2} \right] \text{N} \approx 3.63 \times 10^{-47} \text{ N}$$

2. 重力　通常把地球对地面附近物体的万有引力称为<u>重力</u> G. 重力的方向总是竖直向下的. 并可认为重力的作用点是作用在物体的重心上，如图 2.4 所示. 重力的大小称为重量. 在重力作用下，物体具有的加速度称为重力加速度 g，于是有

$$G = mg \tag{2.2}$$

由万有引力定律可以求得

$$g = G_0 m_E / R^2 \tag{2.3}$$

式中，m_E 是地球质量；R 是地球半径. 通常计算中，可以把 g 取作 9.8 m/s².

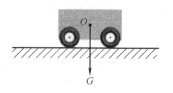

图 2.4　重力

例题 2.2　一个质量为 60 kg 的物体，它在地面附近所受

重力的大小是多少?

解　由题意知, $m = 60$ kg, 根据重力的定义式, 可得
$$G = mg = (60 \times 9.8) \text{ N} = 588 \text{ N}$$

3. 弹力　弹力是力学问题中经常接触到的一类具体的力. 两弹性固体相互接触时施加的作用力为弹力, 绳中的张力是弹力, 弹簧被拉伸或压缩时产生的弹簧弹力, 以及重物放在支撑面上产生的作用在支承面上的正压力和作用在物体上的支持力也是弹力, 如图 2.5 所示. 弹力常用线型弹簧的弹力来代表. 一劲度系数为 k, 自由长为 l_0 的弹簧和物体相连, 当弹簧处于自然长度时, 物体不受弹力作用, 这一位置称为平衡位置. 以平衡位置为坐标原点, 则当弹簧伸长量为 x 时, 物体所受的弹性作用力为

$$F = -kx \tag{2.4}$$

式中, 负号表示力的方向始终指向平衡位置. 这一定律称为胡克定律. 它反映了弹力是一种线性回复力. 这一结论只有在弹性形变限度内成立.

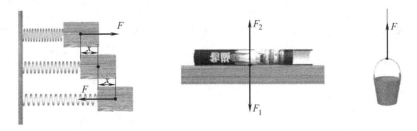

图 2.5　弹力

如果物体的形变过大, 超过一定的限度, 撤去作用力后, 物体就不能恢复原来的形状, 这个限度称为弹性限度.

有时物体的形变很小, 不易观察. 例如, 一本放在水平桌面上的书与桌面间相互挤压, 书和桌面都发生微小的形变. 由于书的形变, 它对桌面产生向下的弹力, 这就是书对桌面的压力 F_1; 由于桌面的形变, 它对书产生向上的弹力, 这就是桌面对书的支持力 F_2. 压力和支持力都是弹力, 方向都垂直于物体的接触面, 如图 2.5 所示.

例题 2.3　一个劲度系数为 300 N/m 的轻质弹簧, 当它被拉长 2.0 cm 时所受弹力的大小是多少?

解　由题意知, $k = 300$ N/m, $x = 2.0$ cm $= 2.0 \times 10^{-2}$ m, 根据弹力的定义式, 可得
$$F = kx = (300 \times 2.0 \times 10^{-2}) \text{ N} = 6.0 \text{ N}$$

4. 摩擦力　摩擦是一种常见的现象. 两个相互接触的物体, 当它们发生相对运动或具有相对运动的趋势时, 就会产生阻碍相对运动的力, 这种力称为摩擦力.

两个相互接触的物体间有相对滑动的趋势但还没有相对滑动时, 在接触面势必产生阻碍发生相对滑动的力, 这个力称为静摩擦力. 静摩擦力的大小由外力决定. 将物体放在水平面上, 有一个外力水平作用在物体上, 如果外力 F 较小, 物体没有滑动, 这时静摩擦力 F_{f0} 与外力 F 在数值上相等, 方向相反. 随着外力 F 的增大, 静摩擦力 F_{f0} 也相应增大. 直到 F 增大到某一数值, 物体即将滑动, 静摩擦力达到最大值, 称为最大静摩擦力 F_{f0m}, 实验表明, 最大静摩擦力的值与物体的正压力 F_N 成正比

$$F_{f0m} = \mu_0 F_N \tag{2.5}$$

式中，μ_0 称为<u>静摩擦因数</u>. 静摩擦因数与两接触物体的材料性质及接触面的情况有关，而与接触面的大小无关.

例如，用一个较小的力推箱子，箱子没有被推动. 根据物体平衡条件可知，此时一定有一个力与推力大小相等，方向相反，从而抵消了推力的作用. 这个力就是地面对箱子的静摩擦力，常用 F_f 来表示，如图 2.6 所示. 静摩擦力有一个最大限度，这个限度就是最大静摩擦力. 当推力大于最大静摩擦力时，箱子就不能再保持静止，而要滑动了.

物体在平面上滑动时所受到的摩擦力称为滑动摩擦力 F_f，其方向总是与物体相对运动的方向相反，其大小与物体的正压力 F_N 成正比，即

$$F_f = \mu F_N \tag{2.6}$$

式中，μ 称为<u>动摩擦因数</u>. μ 与两接触物体的材料性质、接触表面的情况、温度、湿度有关，还与两接触物体的相对速度有关. 在相对速度不太大时，可以认为动摩擦因数 μ 略小于静摩擦因数 μ_0，一般计算时，则可以认为它们近似相等.

还有一种摩擦力称为滚动摩擦力. 滚动摩擦力是一个物体在另一个物体表面上滚动时产生的摩擦力. 当压力相同时，滚动摩擦力比滑动摩擦力小很多. 如图 2.7 所示的是生产中常见的滚动轴承.

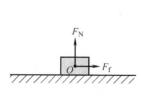

图 2.6　摩擦力

图 2.7　滚动轴承

摩擦有利有弊，机器的运动部分的摩擦一方面浪费能量，又使机器本身磨损. 减少摩擦的方法一般是在摩擦部位加润滑油，或以滚动摩擦代替滑动摩擦，或者改善材料的摩擦性能. 摩擦也有有利的一面. 人走路、汽车的起动、传送带上物体的传送等，都是依靠摩擦力工作的. 没有了摩擦力，日常生活和工作将陷入困境.

例题 2.4　一个在水平地面上滑动的物体，当它所受的正压力为 50 N 时，它所受到的摩擦力的大小是多少？（物体与地面间的动摩擦因数为 0.2）

解　由题意知，$F_N = 50$ N，$\mu = 0.2$，根据滑动摩擦力的定义式，可得
$$F_f = \mu F_N = 0.2 \times 50 \text{ N} = 10.0 \text{ N}$$

2.1.3　力的合成与分解

1. 合力与分力　生活中我们常见这样的情境：一桶水，需要两个小孩才能提得动，而一个大人就可以把它提起来. 此时我们可以说，两个小孩的力的作用效果与一个大人的力的作用效果相同，如图 2.8 所示.

在物理学中，如果有一个力的作用效果与几个力的作用效果相同，我们就把这一个力称为那几个力的<u>合力</u>，那几个力都称为<u>分力</u>.

2. 力的合成　求几个力的合力的过程，称为<u>力的合成</u>.

图 2.8　力的作用效果

通过大量实验发现，两个互成角度的力的合成时，遵守这样的法则：可以用表示这两个力的线段为邻边，做平行四边形，则它的对角线就表示合力的大小和方向. 这就是<u>力的合成的平行四边形定则</u>.

两个分力的夹角可以在 $0 \sim 180°$ 变化，当两个分力的大小固定不变，只有夹角改变时，合力随夹角的变化情况如图 2.9 所示. 此时有

$$|F_1 - F_2| \leqslant F \leqslant F_1 + F_2$$

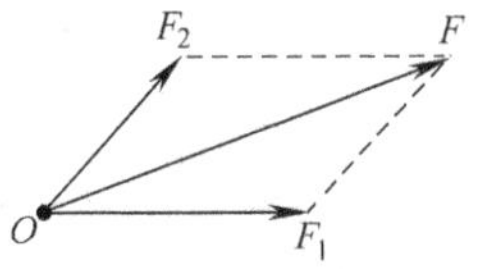

图 2.9　力的合成

例题 2.5　一个物体受到三个力的作用，这三个力的大小相等，均为 10 N，它们彼此之间的夹角可以改变，试问：

（1）在什么情况下，该物体受到的合力最大？最大值是多少？

（2）在什么情况下，该物体受到的合力最小？最小值是多少？

解　由题意知，$F_1 = F_2 = F_3 = 10$ N，根据力的合成的平行四边形定则，可得

（1）当这三个力的夹角为 $0°$，即三个力同方向时，该物体所受到的合力最大，其最大值为

$$F_合 = F_1 + F_2 + F_3 = (10 + 10 + 10) \text{ N} = 30 \text{ N}$$

（2）当这三个力中相邻两个力之间的夹角均为 $120°$，即三个力分别朝不同方向时，该物体所受到的合力最小，其最小值为

$$F_合 = F_1 - F_2\cos60° - F_3\cos60° = (10 - 5 - 5) \text{ N} = 0$$

（你能想象出这种情况并给出力的图示吗？）

3. 力的分解　已知合力，求分力的过程，称为<u>力的分解</u>.

例如，一个人斜拉着木块匀速前进，如图 2.10 所示. 斜向的拉力对木块有两个作用，一个使木块向前进，另一个将木块向上提，减小了对地面的压力. 拉力在这两个方向上产生的作用力如图 2.11 所示.

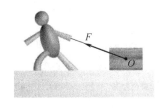

图 2.10　拉力

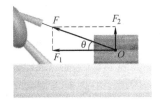

图 2.11　力的分解

若已知合力 F 及其与水平方向的夹角 θ，则两个分力的大小分别为

$$F_1 = F\cos\theta, \quad F_2 = F\sin\theta$$

斜面上的物体都会受到竖直向下的重力作用，重力产生两个效果：平行于斜面使物体向下滑的分力，垂直于斜面使物体向下压的分力，如图 2.12 所示. 如果已知重力 G 和斜面的倾角 θ，则有

$$F_1 = G\sin\theta, \quad F_2 = G\cos\theta$$

例题 2.6　如图 2.12 所示，如果已知重力为 50 N 和斜面的倾角为 $37°$，则重力的两个分力分别是多少？

解　由题意知，$G = 50$ N，$\theta = 37°$，根据力的分解规律，可得

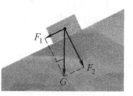

图 2.12　重力的分解

$$F_1 = G\sin\theta = (50 \times \sin37°)\ \text{N} = (50 \times 0.6)\ \text{N} = 30\ \text{N}$$
$$F_2 = G\cos\theta = (50 \times \cos37°)\ \text{N} = (50 \times 0.8)\ \text{N} = 40\ \text{N}$$

2.2　牛顿运动定律

物体做变速运动，运动状态在改变，是什么导致了它运动状态的改变？前面我们说物体运动状态的改变是由力引起的，那么物体由静止到运动，运动状态改变的快慢以及产生力的两方有什么样的关系？将是这节课的主要内容.

2.2.1　牛顿运动定律的表述

物体运动状态的变化取决于作用在质点上的力.牛顿在其经典名著《自然哲学的数学原理》中提出了著名的牛顿运动三定律，在经典领域研究了力对物体的作用问题.

1. 牛顿第一定律　任何物体都保持静止或匀速直线运动的状态，直到其他物体所作用的力迫使它改变这种状态为止.

牛顿第一定律的重要意义主要体现在以下两个方面：

（1）它定性地说明了力和运动的关系.物体的运动并不需要力去维持，只有在物体的运动状态发生改变时，才需要力的作用.因此，从起源上看，由它可得到力的定性定义：力是物体间的作用.从效果上看，物体受到力的作用，其运动状态就要发生变化，即力是改变物体运动状态的原因.

（2）它指明了任何物体都具有惯性.所谓惯性，就是物体所具有的保持其原有运动状态不变的特性.因此，牛顿第一定律又称为惯性定律.由于物体具有惯性，要改变其运动状态，必须有力的作用.但是在自然界中，完全不受力的物体是不存在的，因此，第一定律不能简单地用实验验证.它是在实验的基础上加以合理推证得到的.

正在行驶的汽车急刹车时，车上乘客的下半身由于受到力的作用随车停止，而上半身由于惯性还要以原来的速度前进，于是乘客就会向前面倾倒.如果汽车在高速运行时突然停止，汽车里的人就会由于惯性继续向前冲，直至撞到方向盘或挡风玻璃上，造成严重的伤害.因此，汽车的座位上通常都要配置安全带，高级汽车中还有安全气囊以保证乘车者的安全.

2. 牛顿第二定律　物体受到力的作用时，它所获得的加速度的大小与合力的大小成正比，而与物体的质量成反比；加速度的方向与合力的方向相同.其数学表达式为

$$F = kma$$

式中，F 表示受到的合力，单位是 N；m 表示物体的质量，单位是 kg；a 表示物体的加速度，单位是 m/s^2；k 是比例系数，在国际单位制中，$k = 1$.于是有

$$F = ma \tag{2.7}$$

牛顿第二定律的重要意义主要体现在以下两个方面：

（1）它定量地说明了力的效果．它在第一定律的基础上对物体机械运动的规律做了定量的叙述，确定了力、质量和加速度之间的关系．

（2）它定量地量度了惯性的大小．物体的质量就是其惯性大小的量度．

由于火车的质量巨大，要将高速火车停下来是很困难的，需要很长的时间和路程来减速，我国的高速列车甚至需要 2 km 以上的距离来停止，所以，在列车经过的路口都要采取提前禁行的措施．

3. 牛顿第三定律　当物体 A 以力 F 作用于物体 B 时，物体 B 也必定同时以力 F' 作用于物体 A，F 和 F' 在同一直线上，大小相等而方向相反，即

$$F = -F' \tag{2.8}$$

牛顿第三定律的重要意义在于肯定了物体间的作用是相互的这一本质．两个物体相互作用时，受力的物体也是施力的物体，施力者也是受力者．如果把其中一个力称为作用力，另一个则为反作用力，因此，牛顿第三定律又称为作用力与反作用力定律——作用力与反作用力在同一直线上，大小相等，方向相反．

作用力和反作用力总是成对出现，同时产生，同时存在，同时变化，同时消失．

作用力与反作用力总是同种性质的力．如：作用力是吸引力，反作用力也一定是吸引力；作用力是弹力，反作用力也是弹力；作用力是摩擦力，反作用力也是摩擦力．

作用力和反作用力总是分别作用在两个物体上，各自产生各自的作用效果，不能平衡，不能抵消．

人走路时，脚总是不断地向后蹬地，地面受到了向后的摩擦力，同时，脚也受到了向前的摩擦力，从而使人向前运动；骑自行车时，人用力地蹬踏使后轮转动，对地面产生向后的摩擦力，地面对后轮产生向前的摩擦力，推动自行车前进；喷气式飞机的引擎与火箭动力系统的工作原理相似，都是燃烧燃料并高速排放气体．

牛顿的三个运动定律是一个完整的整体，它们各自有一定的物理意义，又有一定的内在联系．第一定律指明了任何物体都具有惯性，同时确定了力的含义，说明力是使物体改变运动状态即获得加速度的一种作用；第二定律则在第一定律的基础上对物体机械运动的规律进行了定量描述，确定了力、质量和加速度之间的关系；第三定律则肯定了物体间的作用力具有相互作用的本质，因此，可以得出力的定义：力是物体间的相互作用．

2.2.2　牛顿运动定律的应用举例

牛顿运动定律是物体做机械运动的基本定律，在实践中有广泛的应用．下面仅举几个简单的例子，来说明牛顿运动定律的应用．

例题 2.7　质量为 40 kg 的物体，在 200 N 的水平拉力作用下，沿地面滑动．如果物体受到的阻力为 100 N，求物体所得到的加速度．

解　由题意知，$m = 40$ kg，$F = 200$ N，$F_f = 100$ N，根据牛顿第二定律，有

$$F - F_f = ma$$

于是，得

$$a = \frac{F - F_f}{m} = \frac{200 - 100}{40} \text{ m/s}^2 = 2.5 \text{ m/s}^2$$

例题2.8 在以 $2.5\ \text{m/s}^2$ 的加速度匀加速上升的电梯中，质量为 $40\ \text{kg}$ 的一个人站在测力计上，在电梯匀加速上升的过程中，测力计的示数是多少？（g 取 $10\ \text{m/s}^2$）

解 由题意知，$a = 2.5\ \text{m/s}^2$，$m = 40\ \text{kg}$，$g = 10\ \text{m/s}^2$，根据牛顿运动定律，有

$$F_N - mg = ma, \quad F_N' = F_N$$

于是，得

$$F_N = m(g + a) = [40 \times (10 + 2.5)]\ \text{N} = 500\ \text{N}$$

所以，测力计的示数为

$$F_N' = 500\ \text{N}$$

例题2.9 光滑水平桌面上有一个静止的物体，质量为 $7\ \text{kg}$，在 $14\ \text{N}$ 的水平恒力作用下开始运动，如图 2.13 所示，$5\ \text{s}$ 末的速度是多大？$5\ \text{s}$ 内的位移是多少？

解 由题意知，$m = 7\ \text{kg}$，$F = 14\ \text{N}$，$t = 5\ \text{s}$，根据牛顿第二定律，得

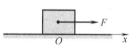

图 2.13 例题 2.9 用图

$$a = \frac{F}{m} = \frac{14}{7}\ \text{m/s}^2 = 2\ \text{m/s}^2$$

所以，该物体 $5\ \text{s}$ 末的速度为

$$v = at = (2 \times 5)\ \text{m/s} = 10\ \text{m/s}$$

$5\ \text{s}$ 内的位移为

$$\Delta x = \frac{1}{2}at^2 = \left(\frac{1}{2} \times 2 \times 5^2\right)\ \text{m} = 25\ \text{m}$$

例题2.10 一个静止在水平地面上的物体，质量为 $2\ \text{kg}$，在 $6.4\ \text{N}$ 的水平拉力作用下沿水平地面向右运动. 物体与地面间的摩擦力是 $4.2\ \text{N}$. 求物体在 $4\ \text{s}$ 末的速度和 $4\ \text{s}$ 内发生的位移.

解 由题意分析物体的受力情况，如图 2.14 所示. 取水平向右的方向为 x 轴的正方向.

已知，$m = 2\ \text{kg}$，合力 $F = F_1 - F_2 = (6.4 - 4.2)\ \text{N} = 2.2\ \text{N}$，$t = 4\ \text{s}$，根据牛顿第二定律，得

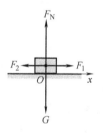

$$a = \frac{F}{m} = \frac{2.2}{2}\ \text{m/s}^2 = 1.1\ \text{m/s}^2$$

所以，该物体在 $4\ \text{s}$ 末的速度为

$$v = at = (1.1 \times 4)\ \text{m/s} = 4.4\ \text{m/s}$$

图 2.14 例题 2.10 用图

$4\ \text{s}$ 内发生的位移为

$$\Delta x = \frac{1}{2}at^2 = \left(\frac{1}{2} \times 1.1 \times 4^2\right)\ \text{m} = 8.8\ \text{m}$$

例题2.11 质量为 $2\ \text{kg}$ 的物体与水平面的动摩擦因数为 0.2，现对物体用一向右与水平方向成 $37°$、大小为 $10\ \text{N}$ 的斜向上拉力 F，使之向右做匀加速直线运动，如图 2.15a 所示. 求物体运动的加速度的大小. （g 取 $10\ \text{m/s}^2$）

解 由题意分析物体的受力情况，如图 2.15b 所示. 已知，$m = 2\ \text{kg}$，$F = 10\ \text{N}$，$\theta = 37°$，$g = 10\ \text{m/s}^2$，根据牛顿运动定律，有

$$F\cos\theta - F_f = ma \tag{①}$$

$$F\sin\theta + F_N - G = 0 \tag{②}$$

$$F_f = \mu F'_N \qquad ③$$
$$F'_N = F_N \qquad ④$$
$$G = mg \qquad ⑤$$

将以上各式联立求解并代入已知数据，得该物体运动的加速度的大小为

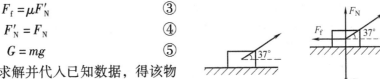

图 2.15　例题 2.11 用图

$$a = \frac{F\cos\theta + \mu F\sin\theta - \mu mg}{m}$$

$$= \frac{F(\cos\theta + \mu\sin\theta) - \mu mg}{m}$$

$$= \frac{10 \times (0.8 + 0.2 \times 0.6) - 0.2 \times 2 \times 10}{2} \ \mathrm{m/s^2}$$

$$= 2.6 \ \mathrm{m/s^2}$$

通过以上几个例题的讨论可以知道，应用牛顿运动定律求解力学问题的一般步骤为：

（1）选取对象：根据题意，选取研究对象．在实际问题中，一般涉及多个相互作用着的物体，要把每个物体从总体中分离出来分别作为研究对象，这有利于问题的解决．这种方法，称为隔离体法，是解决力学问题的有效方法．

（2）分析情况：分析研究对象的受力情况和运动情况，并做出示力示意图，要注意防止"漏力"或者"虚构力"．这种方法，称为力的图示法．

（3）列出方程：在选定的参考系上建立合适的坐标系（依问题的需要和计算的方便与否而定），根据牛顿运动定律（千万不要忘记牛顿第三定律），列出相应的方程．一般来说，有几个未知量就应列出几个方程，如果所列出的方程数目少于未知量的数目，则可由运动学和几何学的知识及题目中所含的关系、条件列出补充方程．

（4）求得答案：对所列方程进行联立求解，必要时对结果进行分析、检验、讨论，得出符合题意的答案．在实际中，一般先进行字母运算，然后再代入具体数据；做数值运算时，还应先统一各物理量的单位．

习题

一、判断题

2.1　地球上的物体所受的重力是属于万有引力．　　　　　　　　　　（　　）

2.2　物体挂在弹簧秤下，弹簧秤的示数一定等于物体的重力．　　　　（　　）

2.3　只要物体发生形变就会产生弹力作用．　　　　　　　　　　　　（　　）

2.4　物体所受弹力方向与自身形变的方向相同．　　　　　　　　　　（　　）

2.5　滑动摩擦力的方向一定与物体的运动方向相反．　　　　　　　　（　　）

2.6　两个分力大小一定时，方向间的夹角 θ 越大，合力越小．　　　　（　　）

2.7　1 N 和 2 N 的合力一定等于 3 N．　　　　　　　　　　　　　　（　　）

2.8　在进行力的合成与分解时，都要应用平行四边形定则或三角形定则．（　　）

2.9　牛顿第一定律不能用实验直接验证．　　　　　　　　　　　　　（　　）

2.10　在水平面上滑动的木块最终停下来，是因为没有外力维持木块运动的结果．

　　　　　　　　　　　　　　　　　　　　　　　　　　　　　　　（　　）

2.11 物体所受合外力越大，其加速度越大. （　）

2.12 物体在外力作用下做匀加速直线运动，当合外力逐渐减小时，物体的速度逐渐减小. （　）

2.13 物体的加速度大小不变一定受恒力作用. （　）

二、填空题

2.1 力的三要素包括大小、方向和_____.

2.2 重力的方向总是_____的.

2.3 质量分布均匀的规则物体，重心在其_____；对于形状不规则或者质量分布不均匀的薄板，重心可用_____确定.

2.4 弹簧发生弹性形变时，弹力的大小 F 跟弹簧伸长（或缩短）的长度 x 成正比，其表达式为_____.

2.5 两个相对静止的物体间的摩擦力称为_____，两个相对运动的物体间的摩擦力称为_____.

2.6 如果一个力产生的作用效果跟几个共点力共同作用产生的效果相同，这一个力就称为那几个力的_____，原来那几个力称为_____.

2.7 求几个力的_____的过程，称为力的合成.

2.8 已知合力，求分力的过程，称为_____.

2.9 牛顿第一定律指出了一切物体都有惯性，因此牛顿第一定律又称为_____.

2.10 _____是物体惯性大小的唯一量度.

2.11 两个物体之间的作用力和反作用力总是大小_____、方向_____、作用在_____.

三、选择题

2.1 下列关于重心、弹力和摩擦力的说法，正确的是 （　）

A. 物体的重心一定在物体的几何中心上；

B. 劲度系数越大的弹簧，产生的弹力越大；

C. 动摩擦因数与物体之间的压力成反比，与滑动摩擦力成正比；

D. 静摩擦力的大小是在零和最大静摩擦力之间发生变化.

2.2 ［弹力有无的判断］如图 2.16 所示，A、B 均处于静止状态，则 A、B 之间一定有弹力的是 （　）

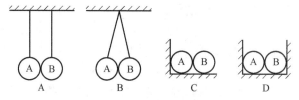

图 2.16　选择题 2.2 用图

2.3 ［关于摩擦力的理解］（多选）关于摩擦力，以下说法中正确的是 （　）

A. 运动物体可能受到静摩擦力作用，但静止物体不可能受到滑动摩擦力作用；

B. 静止物体可能受到滑动摩擦力作用，但运动物体不可能受到静摩擦力作用；

C. 正压力越大，摩擦力可能越大，也可能不变；

D. 摩擦力方向可能与速度方向在同一直线上，也可能与速度方向不在同一直线上.

2.4　F_1、F_2 是力 F 的两个分力. 若 $F=10$ N，则下列不可能是 F 的两个分力的是　（　　）

A. $F_1=10$ N，$F_2=10$ N；　　　　　B. $F_1=20$ N，$F_2=20$ N；

C. $F_1=2$ N，$F_2=6$ N；　　　　　　D. $F_1=20$ N，$F_2=30$ N.

2.5　下列说法中错误的是　　　　　　　　　　　　　　　　　　　　（　　）

A. 力的合成遵循平行四边形定则；

B. 一切矢量的合成都遵循平行四边形定则；

C. 以两个分力为邻边的平行四边形的两条对角线都是它们的合力；

D. 与两个分力共点的那一条对角线所表示的力是它们的合力.

2.6　［对合力与分力的理解］（多选）关于几个力及其合力，下列说法正确的是（　　）

A. 合力的作用效果跟原来那几个力共同作用产生的效果相同；

B. 合力与原来那几个力同时作用在物体上；

C. 合力的作用可以替代原来那几个力的作用；

D. 求几个力的合力遵守平行四边形定则.

2.7　［对定律的理解］（多选）关于牛顿第一定律的说法正确的是　　（　　）

A. 牛顿第一定律不能在实验室中用实验验证；

B. 牛顿第一定律说明力是改变物体运动状态的原因；

C. 惯性定律与惯性的实质是相同的；

D. 物体的运动不需要力来维持.

2.8　公交公司为了宣传乘车安全，向社会征集用于贴在公交车上的友情提示语，下面为征集到的其中几条，你认为对惯性的理解正确的是　　　　　　　　（　　）

A. 站稳扶好，克服惯性；　　　　　B. 稳步慢行，避免惯性；

C. 当心急刹，失去惯性；　　　　　D. 谨防意外，惯性恒在.

2.9　［对牛顿第二定律的基本理解］（多选）下列对牛顿第二定律的理解，正确的是

（　　）

A. 如果一个物体同时受到两个力的作用，则这两个力各自产生的加速度互不影响；

B. 如果一个物体同时受到几个力的作用，则这个物体的加速度等于所受各力单独作用在物体上时产生加速度的矢量和；

C. 平抛运动中竖直方向的重力不影响水平方向的匀速运动；

D. 物体的质量与物体所受的合力成正比，与物体的加速度成反比.

2.10　（多选）由牛顿第二定律表达式 $F=ma$ 可知　　　　　　　　　（　　）

A. 质量 m 与合外力 F 成正比，与加速度 a 成反比；

B. 合外力 F 与质量 m 和加速度 a 都成正比；

C. 物体的加速度的方向总是跟它所受合外力的方向一致；

D. 物体的加速度 a 跟其所受的合外力 F 成正比，跟它的质量 m 成反比.

2.11　［应用牛顿第三定律分析生活现象］手拿一个锤头敲在一块玻璃上把玻璃打碎了. 对于这一现象，下列说法正确的是　　　　　　　　　　　　　（　　）

A. 锤头敲玻璃的力大于玻璃对锤头的作用力，所以玻璃才碎裂；

B. 锤头受到的力大于玻璃受到的力，只是由于锤头能够承受比玻璃更大的力才没有碎裂；

C. 锤头和玻璃之间的作用力应该是等大的，只是由于锤头能够承受比玻璃更大的力才没有碎裂；

D. 因为不清楚锤头和玻璃的其他受力情况，所以无法判断它们之间的相互作用力的大小.

四、简答题

2.1 摩擦力一定与接触面上的压力成正比吗？摩擦力的方向一定与正压力的方向垂直吗？

2.2 三个力作用在同一物体上，其大小分别为 6 N、8 N、12 N，其合力大小可能是多少？为什么？

2.3 从牛顿第二定律知道，无论怎样小的力都可以使物体产生加速度. 可是我们用力提一个很重的物体时却提不动它，这跟牛顿第二定律有无矛盾？为什么？

2.4 由于作用力与反作用力大小相等、方向相反，所以作用效果可以抵消，合力为零，这种认识对吗？

2.5 人走在松软的土地上下陷时，人对地面的压力大于地面对人的支持力，对吗？为什么？

五、计算题

2.1 质量为 2 kg 的物体，运动的加速度为 1 m/s²，则所受合外力的大小为多少？如果物体所受的合外力的大小为 8 N，那么物体的加速度的大小为多少？

2.2 质量为 10 kg 的物体，在竖直向上的恒定拉力作用下，以 2 m/s² 的加速度匀加速上升，则此拉力为多少？（g 取 10 m/s²，不计空气阻力）

2.3 质量为 50 kg 的物体，在 250 N 的水平拉力作用下，沿地面滑动. 如果物体受到的阻力为 150 N，求物体所得到的加速度.

2.4 在以 1.5 m/s² 的加速度匀加速上升的电梯中，质量为 60 kg 的一个人站在测力计上，在电梯匀加速上升的过程中，测力计的示数是多少？（g 取 10 m/s²）

2.5 如图 2.17 所示，物块 A 放在倾斜的木板上，改变木板与水平面之间的夹角 θ，发现当 $\theta=30°$ 和 $\theta=45°$ 时物块 A 所受的摩擦力大小恰好相等，则物块 A 与木板之间的动摩擦因数为多少？

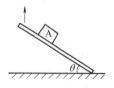

图 2.17 计算题 2.5 用图

2.6 如图 2.18 所示，斜面倾角为 $\theta=30°$，一个重 20 N 的物体在斜面上静止不动. 弹簧的劲度系数为 $k=100$ N/m，原长为 10 cm，现在的长度为 6 cm.

（1）试求物体所受的摩擦力大小和方向.

（2）若将这个物体沿斜面上移 6 cm，弹簧仍与物体相连，下端仍固定，物体在斜面上仍静止不动，那么物体受到的摩擦力的大小和方向又如何呢?

图 2.18　计算题 2.6 用图

2.7　如图 2.19 所示，倾角为 θ 的斜面体放在水平地面上，质量为 m 的光滑小球放在墙与斜面体之间处于平衡状态，求小球对斜面体的压力大小和地面对斜面体的摩擦力大小.

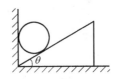

图 2.19　计算题 2.7 用图

2.8　如图 2.20 所示，楼梯口一倾斜的天花板与水平面成 $\theta = 37°$ 角，一装潢工人手持木杆绑着刷子粉刷天花板，工人所持木杆对刷子的作用力始终保持竖直向上，大小为 $F = 10$ N，刷子的质量为 $m = 0.5$ kg，刷子可视为质点，刷子与天花板间的动摩擦因数为 0.5，天花板长为 $L = 4$ m，试求:

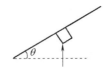

图 2.20　计算题 2.8 用图

（1）刷子沿天花板向上运动的加速度大小;
（2）工人把刷子从天花板底端推到顶端所用的时间.

六、论述题

2.1　请联系自己的专业或生活实际，谈谈自己对牛顿运动定律的理解、认识及应用（自拟题目，不少于 600 字）.

第3章 动能和动量

前面两章讨论了物体的位置随时间变化的规律和物体运动状态的改变由物体所受的合力决定的牛顿运动定律. 牛顿运动定律表明了力对物体的瞬时作用效果, 但在很多实际问题中, 力对物体的作用总要持续一段距离或持续一段时间, 并且力的变化复杂, 难于细究, 而人们又往往只关心在这段时间内力的总效果. 这时, 要考虑的是力对空间的累积作用或力对时间的累积作用, 即应用动能定理或动量定理分析、解决问题. 当研究对象是由多个物体组成的物体系时, 可以先分析单个物体所遵从的规律, 然后对各个物体求和, 得出物体系这一整体所遵循的规律. 本章主要介绍功、动能、势能、冲量、动量、动能定理和动量定理, 进而介绍机械能守恒定律和动量守恒定律.

3.1 功和能 机械能守恒定律

3.1.1 功和功率

牛顿第二定律反映了力的瞬时作用规律, 事实上, 力作用于物体上往往有一个过程, 力的作用在空间上的累积表现为力所做的功.

1. 功 如图 3.1 所示, 一个物体 M 在恒力 F 的作用下, 沿直线从 a 点运动到 b 点, 位移为 s, 力 F 与位移 s 之间的夹角为 θ. 则在这个过程中, 力所做的功等于力沿受力点位移方向上的分量和受力点位移大小的乘积, 即

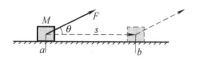

图3.1 力的功

$$A = Fs\cos\theta \qquad (3.1)$$

在国际单位制中, 功的单位是焦耳, 简称焦, 符号为 J.

功是一个标量, 做功只需用大小和正负表示. 它的正负取决于作用力 F 与物体位移 s 间的夹角. 当 $0 \leqslant \theta < \dfrac{\pi}{2}$ 时, $A > 0$, 即力 F 做正功; 当 $\dfrac{\pi}{2} < \theta \leqslant \pi$ 时, $A < 0$, 即力 F 做负功, 也就是物体克服该力做了功; 当 $\theta = \dfrac{\pi}{2}$ 时, $A = 0$, 即力 F 与位移 s 垂直时, 力 F 不做功.

一个力对物体做负功, 表示这个力阻碍物体的运动. 因此, 当力对物体做负功时, 常说物体克服这个力做功. 例如, 当摩擦力对物体做负功时, 也可以说物体克服摩擦力做功.

例题 3.1 一个人用 500 N 的力沿水平方向匀速推一辆重 200 N 的车, 共前进 2 m, 求这个人对车做功多少? 重力做功多少?

解　由题意知，$F = 500$ N，$G = 200$ N，$s = 2$ m，$\theta_1 = 0°$，$\theta_2 = 90°$，由功的表达式（3.1）得

$$A_F = Fs\cos0° = (500 \times 2 \times 1)\ \text{J} = 1\ 000\ \text{J}$$

$$A_G = Gs\cos90° = (200 \times 2 \times 0)\ \text{J} = 0\ \text{J}$$

例题 3.2　物体的质量为 10 kg，在与水平方向成 37° 向上的拉力作用下，沿水平方向移动 10 m．已知物体与水平面间的动摩擦因数为 0.20，拉力的大小为 100 N，求：

（1）作用在物体上的各力对物体做的功；

（2）各力对物体做的总功．

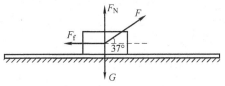

图 3.2　例题 3.2 用图

解　由题意做受力图如图 3.2 所示，已知，$m =$ 10 kg，$\theta = 37°$，$s = 10$ m，$\mu = 0.20$，$F = 100$ N，由功的表达式（3.1）得

（1）拉力 F 做的功为

$$A_F = Fs\cos37° = (100 \times 10 \times 0.8)\ \text{J} = 800\ \text{J}$$

重力 G 做的功为

$$A_G = Gs\cos90° = 0$$

支持力 F_N 做的功为

$$A_{F_N} = F_N s\cos90° = 0$$

因为摩擦力 F_f 为

$$
\begin{aligned}
F_f &= \mu F_N = \mu(mg - F\sin37°)\\
&= [0.2 \times (10 \times 9.8 - 100 \times 0.6)]\ \text{N}\\
&= 7.6\ \text{N}
\end{aligned}
$$

所以摩擦力 F_f 做的功为

$$A_{F_f} = F_f s\cos180° = (-7.6 \times 10)\ \text{J} = -76\ \text{J}$$

（2）各力对物体做的总功为

$$A = A_F + A_G + A_{F_N} + A_{F_f} = (800 + 0 + 0 - 76)\ \text{J} = 724\ \text{J}$$

2. 功率　不同物体做相同的功，所用的时间往往不同，也就是说，做功的快慢不相同．一台起重机能在 1 min 内把 1 t 货物提到楼顶，另一台起重机只用 30 s 就可以做相同的功．第二台起重机比第一台做功快一倍．

在实际问题中，我们不仅关心力做功的多少，而且还关心力做功的快慢，为此引入功率这一物理量．我们把力在单位时间内所做的功称为功率，即

$$P = \frac{A}{t} \tag{3.2a}$$

功率是标量，是表示做功快慢程度的物理量．在国际单位制中，功率的单位是瓦特，简称瓦，符号为 W．另外还有千瓦，符号为 kW．且有 1 kW $= 10^3$ W．

电动机、内燃机等动力机械都标有额定功率，这是在正常条件下可以长时间工作的功率．实际输出功率往往小于这个数值．例如，某汽车内燃机的额定功率是 100 kW，但在平直公路上中速行驶时，发动机实际输出的功率只有 20 kW 左右．在特殊情况下，例如在穿越障碍时，司机通过增大供油量可以使实际输出的功率大于额定功率，但这对发动机有害，只能

工作很短的时间, 而且要尽量避免.

当力的方向与速度方向一致时, 有 $A = Fs$, $v = s/t$, 于是得

$$P = Fv \qquad\qquad (3.2b)$$

即功率等于力和物体运动速度的乘积. 由此可知, 当功率保持恒定时, 力大则速度小, 力小则速度大.

汽车发动机的转动通过变速箱中的齿轮传递到车轮, 转速比可以通过变速杆来改变. 发动机的最大输出功率是一定的, 所以汽车在上坡时, 司机要用"换挡"的方法减小速度, 来得到较大的牵引力. 在平直公路上, 汽车受到的阻力较小, 需要的牵引力也较小, 这时就可以使用高速挡, 使汽车获得较高的速度.

然而, 在发动机功率一定时, 通过减小速度提高牵引力或通过减小牵引力而提高速度, 效果都是有限的. 所以, 要提高速度和增大牵引力, 必须提高发动机的额定功率, 这就是高速火车、汽车和大型舰船需要大功率发动机的原因.

例题3.3 把一个质量为 10 kg 的物体, 自水平地面由静止开始, 用一个竖直向上的拉力在 20 s 内将其以匀速向上拉起到 10 m 高处, 试求该拉力所做的功和拉力的功率.

解 由题意知, $m = 10$ kg, $\theta = 0°$, $s = 10$ m, $t = 20$ s, 由功的表达式 (3.1) 得该拉力所做的功为

$$A_F = Fs\cos 0° = mgs = (10 \times 9.8 \times 10)\ \text{J} = 980\ \text{J}$$

由功率的表达式 (3.2a) 得该拉力的功率为

$$P = \frac{A}{t} = \frac{980}{20}\ \text{W} = 49\ \text{W}$$

3.1.2 动能和势能

1. 动能 如果一个物体能够对外界做功, 我们就说这个物体具有能. 物体的动能就是由于物体运动而具有的能量, 它的大小等于物体的质量与其运动速度平方乘积的二分之一, 以 E_k 表示, 即

$$E_k = \frac{1}{2}mv^2 \qquad\qquad (3.3)$$

可见, 物体的动能与其质量和速度大小有关, 速度越大, 质量越大, 物体所具有的动能就越多; 动能是标量, 只有大小而没有方向, 且不可能小于零.

在国际单位制中, 动能的单位是焦耳, 简称焦, 符号为 J.

例题3.4 我国发射的第一颗人造地球卫星, 质量为 173 kg, 轨道的速度为 7.2 km/s, 则这颗卫星的动能约是多少?

解 由题意知, $m = 173$ kg, $v = 7.2$ km/s, 由动能的表达式 (3.3) 得

$$E_k = \frac{1}{2}mv^2 = \left[\frac{1}{2} \times 173 \times (7.2 \times 10^3)^2\right]\ \text{J} \approx 4.48 \times 10^9\ \text{J}$$

2. 动能定理 物体的动能定理可由牛顿第二定律导出.

根据牛顿第二定律

$$F = ma$$

而 $v^2 - v_0^2 = 2as$, $A = Fs$, 所以可得力 F 对物体所做功为

$$A = E_k - E_{k0} = \frac{1}{2}mv^2 - \frac{1}{2}mv_0^2 \qquad\qquad (3.4)$$

式中，v_0 和 v 分别为物体始、末状态速度的大小；E_{k0} 和 E_k 分别为物体始、末状态的动能. 式（3.4）表明，<u>合力对物体所做的功等于物体动能的增量</u>，这就是物体的动能定理.

例如，一辆汽车起动时，在牵引力和阻力的共同作用下开始加速，动能越来越大. 牵引力和阻力的合力做正功，汽车的动能增加；当汽车刹车时，在阻力的作用下开始减速，动能越来越小，阻力做了负功，汽车的动能增加了一个负值，即动能减少了.

例题 3.5　一颗质量为 10 g 的子弹，以 700 m/s 的速度穿过一块木板后速度降为 500 m/s，试求木板的阻力所做的功.

解　由题意知，$m = 10\ \mathrm{g} = 1.0 \times 10^{-2}\ \mathrm{kg}$，$v_0 = 700\ \mathrm{m/s}$，$v = 500\ \mathrm{m/s}$，由动能定理的表达式（3.4）得

$$A = \frac{1}{2}mv^2 - \frac{1}{2}mv_0^2 = \frac{1}{2}m(v^2 - v_0^2)$$

$$= \left[\frac{1}{2} \times 1.0 \times 10^{-2} \times (500^2 - 700^2)\right]\ \mathrm{J}$$

$$= -1.2 \times 10^3\ \mathrm{J}$$

3. 势能　初中我们已经学过，被举高的物体具有做功的本领，因此它具有能量. 我们把地球表面附近的物体由于与地球之间存在一定的高度关系而具有的能量称为<u>重力势能</u>.

设一个质量为 m 的物体，从高度为 h 处，竖直向下落到地面，如图 3.3 所示. 这个过程中重力做的功为

$$A = mgh$$

因此可知，物体在高处的重力势能为

$$E_p = mgh \tag{3.5a}$$

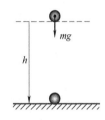

图 3.3　重力势能

由重力势能公式（3.5a）可知，物体距地面越高，重力势能越大；反之，就越小. 处于地平面以下的物体，公式中的 h 应为负值，其重力势能也为负值. 在这里，负号只是表示它的重力势能比在地面处的重力势能小.

以上是把物体在地面处的重力势能当作零，当然也可选择另一水平面作为零势能面，这时式（3.5a）中的 h 应是从该面算起的高度. 在计算重力势能时，应同时说明零势能面的位置. 一般情况下，常选地面为零势能面.

卷紧的发条、拉伸或压缩的弹簧、拉开的弓、正在击球的球拍、撑杆跳运动员手中弯曲的杆等，这些物体由于发生了弹性形变，而具有了做功的本领，我们把这种能量称为弹性势能.

$$E_p = \frac{1}{2}kx^2 \tag{3.5b}$$

这些与物体相对位置有关的能量统称为<u>势能</u>. 显然，与万有引力相对应的有引力势能.

$$E_p = -G_0 \frac{Mm}{r} \tag{3.5c}$$

在国际单位制中，势能的单位也是焦耳，简称焦，符号为 J.

例题 3.6　某建筑工地使用的打桩机，在打桩的过程中，需要将 300 kg 的重锤举至 20 m 的高处，此时重锤的重力势能是多少？重锤落到地面上之后，其重力势能是多少？

解　由题意知，$m = 300\ \mathrm{kg}$，$h = 20\ \mathrm{m}$，由重力势能的表达式（3.5a），得重锤在 20 m 高

处的重力势能为

$$E_p = mgh = (300 \times 9.8 \times 20) \text{ J} = 5.88 \times 10^4 \text{ J}$$

重锤落到地面上之后, 由于高度为零, 所以其重力势能为零.

3.1.3 机械能守恒定律

1. 机械能定理 质点系受力可分为内力和外力, 而质点系的内力又可分为保守力和非保守力. 保守力做功只与质点的始、末位置有关, 与所经路径无关. 而功是能量改变的量度. 显然, 质点在始、末两个不同的位置上具有不同的势能. 重力、弹簧的弹力和万有引力均为保守力, 都可以引入相应的势能. 并且, 势能的增量等于保守力所做功的负值, 即

$$\Delta E_p = E_p - E_{p0} = -A_{保}$$

式中, E_{p0} 和 E_p 分别为质点始、末位置所具有的势能; $A_{保}$ 为保守力所做功.

因此, 质点系的动能定理可写为

$$\sum_i A_{i外} + \sum_i A_{i内保} + \sum_i A_{i内非} = \sum_i E_{ki} - \sum_i E_{ki0}$$

又由于 $E_p - E_{p0} = -A_{保}$, 所以上式可写为

$$\sum_i A_{i外} - \sum_i (E_{pi} - E_{pi0}) + \sum_i A_{i内非} = \sum_i E_{ki} - \sum_i E_{ki0}$$

即

$$\begin{aligned}
\sum_i A_{i外} + \sum_i A_{i内非} &= \sum_i E_{ki} - \sum_i E_{ki0} + \sum_i (E_{pi} - E_{pi0}) \\
&= \sum_i (E_{ki} + E_{pi}) - \sum_i (E_{ki0} + E_{pi0}) \\
&= \sum_i E_i - \sum_i E_{i0}
\end{aligned} \tag{3.6}$$

动能与势能之和称为机械能, 即上式中等号右边的两项分别为末、初状态质点系所具有的机械能, 该式表明, 质点系机械能的增量等于一切外力和一切非保守内力所做功的代数和, 这就是质点系的机械能定理.

2. 机械能守恒定律 由式 (3.6) 可知, 当 $\sum_i A_{i外} = 0$ 且 $\sum_i A_{i内非} = 0$ 时, 有

$$\sum_i E_i - \sum_i E_{i0} = 0$$

即

$$\sum_i E_i = 恒量 \tag{3.7}$$

式 (3.7) 表明, 当所有作用于系统的外力对系统所做功为零且非保守内力所做功也为零时, 系统的机械能恒定不变, 这就是质点系的机械能守恒定律.

例题 3.7 质量为 60 kg 的滑雪运动员从山顶由静止滑下, 其到山脚的最大速度为 120 m/s, 若阻力忽略不计, 则该雪道的落差约为多少? (g 取 10 m/s^2)

解 取滑雪运动员和地球为研究系统. 以山脚处的水平面为重力势能零点, 系统的初动能为零. 在忽略阻力的情况下, 运动员在滑雪的过程中, 只有重力做功, 而重力为系统的保守内力, 所以系统的机械能守恒, 于是有

$$\frac{1}{2}mv^2 = mgh$$

即

$$h = \frac{v^2}{2g} \approx \frac{120^2}{2 \times 10} \text{ m} = 720 \text{ m}$$

故该雪道的落差约为 720 m.

例题 3.8　物体从 1 m 高、2 m 长的光滑斜面顶端，由静止开始无摩擦地滑下，到达斜面底端时的速度约是多少？（不计空气阻力）

解　取物体和地球为研究系统. 以斜面底端的水平面为重力势能零点，系统的初动能为零. 在忽略阻力的情况下，物体在下滑的过程中，只有重力做功，而重力为系统的保守内力，所以系统的机械能守恒，于是有

$$\frac{1}{2}mv^2 = mgh$$

$$v = \sqrt{2gh} = \sqrt{2 \times 9.8 \times 1} \text{ m/s} \approx 4.43 \text{ m/s}$$

3.2　冲量和动量　动量守恒定律

3.2.1　力的冲量

牛顿第二定律反映了力的瞬时作用规律，事实上，力作用于物体上往往有一段持续时间. 为了描述力在一段时间间隔内的累积作用，我们引入冲量的概念.

设恒力 F 作用在物体上的持续时间从 0 时刻到 t 时刻，我们把恒力 F 与力的作用时间 t 的乘积称为恒力 F 的冲量，用符号 I 表示，即

$$I = Ft \tag{3.8}$$

力的冲量 I 取决于作用力和持续作用时间两个因素，是个过程量. 冲量是矢量，恒力的冲量方向与力的方向一致. 在国际单位制中，冲量的单位是牛秒，符号为 N·s.

例题 3.9　某飞船的返回舱质量 $m = 4 \times 10^3$ kg，在着陆前先后采用引伞、减速伞和主伞进行减速. 如果弹出引伞后，在 16 s 内返回舱安全着陆，求在此过程中，返回舱所受重力的冲量.

解　冲量和力都是矢量，本题只考虑简单的一维问题，物体只在竖直方向受力和运动，设竖直向下为正方向. 在此回收阶段，返回舱所受重力可视为恒力，根据恒力的冲量的定义式（3.8），则返回舱所受重力的冲量的大小为

$$I_重 = Gt = mgt = 4 \times 10^3 \times 9.8 \times 16 \text{ N·s} \approx 6.27 \times 10^5 \text{ N·s}$$

方向竖直向下.

3.2.2　动量　动量定理

1. 动量　物体的质量 m 与速度 v 的乘积称为物体的动量，用 p 表示，即

$$p = mv \tag{3.9}$$

动量是矢量，是描述物体机械运动状态的物理量，是反映物体对其他物体所产生的冲击作用本领的物理量. 在国际单位制中，动量的单位是千克米每秒，符号为 kg·m/s.

2. 动量定理　物体的动量定理也可由牛顿第二定律导出. 根据牛顿第二定律

$$F = ma$$

而

$$a = \frac{v - v_0}{t}$$

于是有

$$I = Ft = mv - mv_0 = p - p_0 \tag{3.10}$$

即作用在物体上的合力在一段时间内的冲量等于物体动量的改变量，这就是动量定理.

例题 3.10 假如一质量为 50 kg 的人，在操作时不慎从高空竖直跌落下来，由于安全带的保护，最终使他被悬挂起来. 已知此时人离原处的距离为 2.0 m，安全带弹性缓冲作用时间为 0.50 s. 求安全带对人的平均冲力.

解 以人为研究对象，分两个阶段进行讨论. 在自由落体运动过程中，人跌落至 2.0 m 处时的速度的大小为

$$v_1 = \sqrt{2gh}$$

方向竖直向下.

在缓冲过程中，人受重力和安全带冲力的作用，根据动量定理，有

$$(\overline{F} - mg)t = mv_2 - mv_1$$

其中 $v_2 = 0$，所以安全带对人的平均冲力大小为

$$\overline{F} = \frac{m\sqrt{2gh}}{t} + mg = \left(\frac{50 \times \sqrt{2 \times 9.8 \times 2.0}}{0.50} + 50 \times 9.8 \right) \text{N} \approx 1.12 \times 10^3 \text{ N}$$

3.2.3 动量守恒定律

由式（3.10）可知，当物体所受合力 F 为零时，有

$$Ft = mv - mv_0 = p - p_0 = 0$$

即

$$p = mv = 恒量 \tag{3.11}$$

也就是说，在一段时间内作用于物体的合力始终为零时，物体的动量为恒量，这就是物体的动量守恒定律. 由于物体的质量 m 为一恒量，如果物体动量守恒，则物体的速度必然保持不变. 可见，单个物体的动量守恒实际上对应的正是物体作匀速直线运动的情形.

动量守恒定律虽然是由研究物质宏观运动规律的牛顿运动定律导出的，但近代物理研究表明，对于分子、原子、电子等微观粒子，以及速度与光速可比拟的高速运动来说，动量守恒定律仍然成立. 动量守恒定律是自然界中最普遍、最基本的定律之一. 迄今为止，人们还未发现动量守恒定律有任何例外，它在理论探讨和实际应用中发挥了巨大作用，一些基本粒子的发现，都与动量守恒定律的应用密切相关. 在实验中，每当观察到似乎是违反动量守恒定律的现象时，物理学家就根据动量守恒定律提出一些新的假设，结果导致了新的发现. 例如，在研究 β 衰变的过程中，似乎出现动量在表观上不守恒的现象，但正是凭借着科学家们对动量守恒定律的笃信，从而导致了中微子的发现. 又如，人们发现两个运动着的带电粒子在它们之间的电磁作用下两者的动量矢量和似乎也是不守恒. 这时物理学家把动量的概念推广到电磁场，考虑电磁场的动量后，总动量又守恒了，从而证明了电磁场也有动量.

例题 3.11 质量为 M 的小船以速度 v_0 行驶，船上有两个质量皆为 m 的小孩 a 和 b，分别静止站在船头和船尾. 现在小孩 a 沿水平方向以速率 v（相对于静止水面）向前跃入水中，然后小孩 b 沿水平方向以同一速率 v（相对于静止水面）向后跃入水中. 求小孩 b 跃出后小船的速度.

解 取小孩 a、b 和小船为研究系统，忽略水的阻力，系统水平方向动量守恒. 设小孩 b 跃出后小船向前行驶的速度为 V，选 v_0 方向为正方向，根据动量守恒定律，有

$$(M + 2m)v_0 = MV + mv - mv$$

于是得小孩 b 跃出后小船的速度为

$$V = \left(1 + \frac{2m}{M}\right)v_0$$

3.3 碰撞

两个或多个物体在运动中相互靠近或发生接触时，在相对较短的时间内发生较强的相互作用的过程称为碰撞. "碰撞"的含义较为广泛，除宏观物体的表面直接接触的碰撞外，如撞击、锻压等，在微观领域内粒子间的相互作用过程也都是碰撞过程，这时粒子间的相互作用过程是非接触的，譬如原子、分子在相互接近时，由于它们之间有很强的斥力，迫使它们在接触之前就偏离了原来的运动方向而分开，这种碰撞通常称为散射. 碰撞过程一般都非常复杂，难于对其过程进行详细的分析. 但通常只需要了解物体碰撞前后运动状态的变化，而对发生碰撞的物体来说，外力的作用又往往可以略去，因而可以利用动量守恒定律对有关问题求解.

为了简单起见，仅以两球的碰撞为例进行讨论. 如果两球碰前的速度在两球的中心连线上，碰后的速度也在两球的中心连线上，这种碰撞称为对心碰撞或正碰. 如图 3.4 所示，设两球的质量分别为 m_1、m_2，碰前两个物体的速度分别为 v_{10}、v_{20}，碰后的速度分别为 v_1、v_2. 运用动量守恒定律得

$$m_1 v_{10} + m_2 v_{20} = m_1 v_1 + m_2 v_2 \tag{3.12}$$

为方便计算，式中假定碰撞前后各个速度都沿着同一方向.

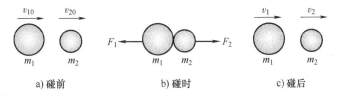

a) 碰前　　　　　　　　b) 碰时　　　　　　　　c) 碰后

图 3.4　两球碰撞

在碰撞过程中常常发生形变，并伴随着相应的能量转化. 按照形变和能量转化的特征，下面讨论两种特殊情况.

3.3.1 完全弹性碰撞

若碰撞完成之后两球能完全恢复原来的形状，碰撞前后两球的总动能没有损失，这类碰撞称为完全弹性碰撞. 由于碰撞前后两球的总动能守恒，可得

$$\frac{1}{2}m_1 v_{10}^2 + \frac{1}{2}m_2 v_{20}^2 = \frac{1}{2}m_1 v_1^2 + \frac{1}{2}m_2 v_2^2 \tag{3.13}$$

联立式（3.12）和式（3.13），得

$$v_{10} - v_{20} = v_2 - v_1 \tag{3.14}$$

$$v_1 = \frac{(m_1 - m_2)v_{10} + 2m_2 v_{20}}{m_1 + m_2}, \quad v_2 = \frac{(m_2 - m_1)v_{20} + 2m_1 v_{10}}{m_1 + m_2} \tag{3.15}$$

式（3.14）表明，碰前两球相互接近的速度（$v_{10} - v_{20}$）等于碰后两球相互分离的速度（$v_1 - v_2$）.

现在讨论几个特例.

（1）$m_1 = m_2$：由式（3.15），得

$$v_1 = v_{20}, \quad v_2 = v_{10}$$

这时，两球经过碰撞将交换彼此的速度. 即速度和能量发生了转移. 例如，若 $v_{20} = 0$，碰撞后则有 $v_1 = 0$，$v_2 = v_{10}$，相当于 m_1 的速度和能量转移给了 m_2.

（2）$m_1 \ll m_2$，且 $v_{20} = 0$：由式（3.15），得

$$v_1 \approx -v_{10}, \quad v_2 \approx 0$$

这表明，质量极大并且静止的物体，经碰撞后，几乎仍静止不动，而质量极小的物体在碰撞前后的速度方向相反，大小几乎不变. 例如乒乓球与坚硬的墙壁碰撞，以及气体分子与器壁的碰撞都属于这种情况.

（3）$m_1 \gg m_2$，且 $v_{20} = 0$：由式（3.15），得

$$v_1 \approx v_{10}, \quad v_2 \approx 2v_{10}$$

即一个质量很大的运动小球与一个质量很小的静止小球相碰撞时，质量大的小球速度不发生显著的变化，而质量小的小球却以两倍于大球的速度运动.

例题 3.12 两辆小汽车 A 和 B 在结冰的路面上行驶，当驾驶员发现前面的交通信号为红灯时均采取了刹车制动措施，汽车 A 在信号灯前停了下来，但汽车 B 却"追尾"撞上了汽车 A. 如果汽车 A 和 B 的质量分别为 1 100 kg 和 1 400 kg，碰撞后的速度分别为 4.6 m/s 和 3.9 m/s，试求碰撞前汽车 B 的速度.

解 取汽车 A 和 B 为研究系统，由于在碰撞过程中，汽车之间的内力远大于所受的摩擦力，因此系统在水平方向上的动量守恒. 又因为在碰撞前汽车 A 已经停了下来，$v_{10} = 0$，所以，根据动量守恒定律，有

$$m_1 v_1 + m_2 v_2 = m_2 v_{20}$$

于是得碰撞前汽车 B 的速度为

$$v_{20} = \frac{m_1 v_1 + m_2 v_2}{m_2} = \frac{1\,100 \times 4.6 + 1\,400 \times 3.9}{1\,400} \text{ m/s} \approx 7.5 \text{ m/s}$$

3.3.2 完全非弹性碰撞

若碰撞之后小球的形变完全得不到恢复，两球碰撞后不再分开，以相同的速度共同运动，这类碰撞称为完全非弹性碰撞. 设两球碰撞后的共同速度为 v，由动量守恒定律，可得

$$m_1 v_{10} + m_2 v_{20} = (m_1 + m_2)v$$

由上式可得

$$v = \frac{m_1 v_{10} + m_2 v_{20}}{m_1 + m_2} \tag{3.16}$$

则在完全非弹性碰撞过程中损失的动能为

$$\Delta E_k = \frac{m_1 m_2 (v_{10} - v_{20})^2}{2(m_1 + m_2)} \tag{3.17}$$

在工程中，例如打桩、打铁这类问题，经常碰到其中一个物体是静止的，若设 $v_{20} = 0$，此时损失的动能为

$$\Delta E_k = \frac{m_1 m_2 v_{10}^2}{2(m_1 + m_2)} = \frac{m_2}{(m_1 + m_2)} E_{k0} = \frac{1}{\left(1 + \dfrac{m_1}{m_2}\right)} E_{k0}$$

其中 $E_{k0} = \frac{1}{2} m_1 v_{10}^2$ 表示碰前的动能. 由此可知, 此情况下损失的动能是原有动能的一部分, 而损失的动能的多少与两给定物体的质量比有关. 在实际问题中, 往往根据不同的需要来选择不同的条件. 例如, 在打桩时, 桩通过和锤碰撞获得能量, 并使桩尽可能具有较大的动能克服地面的阻力而下沉, 因此, 桩和锤碰撞过程中损失的能量越小越好, 这就要求用质量较大的锤打击质量较小的桩, 即 $m_1 \gg m_2$. 打铁的过程恰恰相反. 因为引起锻件形变所需能量来源于铁锤与锻件（连同铁砧）碰撞过程中损失的能量, 所以希望碰撞过程中损失的能量大, 这就要求铁锤的质量比铁砧的质量小得多, 即 $m_1 \ll m_2$.

例题 3.13　冲击摆可以用于测量子弹的速率. 如图 3.5 所示, 设摆长 $l = 1.0$ m, 下端悬挂一质量为 $M = 1.0$ kg 的静止沙袋. 质量为 $m = 10$ g 的子弹水平射入沙袋后, 与沙袋一起摆过角度 $\theta_0 = 60°$, 试求子弹的速率 v_0.

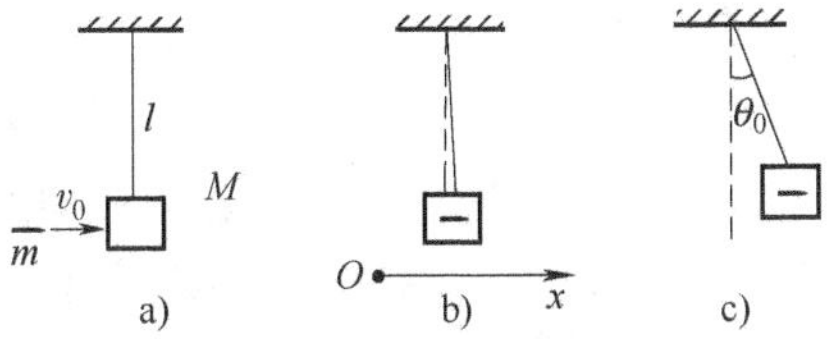

解　取子弹、沙袋和地球为研究系统. 本题可以分为两个过程来讨论.

图 3.5　例题 3.13 用图

碰时: 子弹射入沙袋的过程是完全非弹性碰撞, 系统满足动量守恒. 设子弹射入沙袋后两者的共同速度为 v, 则由动量守恒定律, 有

$$(M + m)v = mv_0 \qquad ①$$

碰后: 子弹射入沙袋后随沙袋一起向上摆动的过程, 由于绳子的拉力不做功, 重力为保守内力, 所以系统满足机械能守恒. 取沙袋在竖直悬垂时的水平面为势能零点, 摆动 θ_0 角度后的相对高度为 h, 则由机械能守恒定律, 有

$$(M + m)gh = \frac{1}{2}(M + m)v^2 \qquad ②$$

因为

$$h = l - l\cos\theta_0 = l(1 - \cos\theta_0) \qquad ③$$

所以, 将以上三式联立并代入已知数据, 得

$$v_0 = \frac{M + m}{m} \sqrt{2gl(1 - \cos\theta_0)}$$

$$= \frac{1.0 + 1.0 \times 10^{-2}}{1.0 \times 10^{-2}} \times \sqrt{2 \times 9.8 \times 1.0 \times (1 - \cos60°)} \text{ m/s}$$

$$\approx 316 \text{ m/s}$$

故测得子弹的速率约为 316 m/s.

习题

一、判断题

3.1　只要物体受力且发生位移, 则力对物体一定做功.　　　　　　　　（　　）

3.2　如果一个力阻碍了物体的运动, 则这个力一定对物体做负功.　　（　　）

3.3　摩擦力可能对物体做正功、负功, 也可能不做功.　　　　　　　（　　）

3.4　由 $P = A/t$, 只要知道 A 和 t 就可求出任意时刻的功率.　　　（　　）

3.5　由 $P = Fv$ 知, 随着汽车速度的增大, 它的功率也可以无限制地增大.　（　　）

3.6 一定质量的物体动能变化时，速度一定变化，但速度变化时，动能不一定变化. 　　　　　(　)

3.7 克服重力做功，物体的重力势能一定增加. 　　　　　　　　　　(　)

3.8 发生弹性形变的物体都具有弹性势能. 　　　　　　　　　　　(　)

3.9 物体所受合外力为零时，机械能一定守恒. 　　　　　　　　(　)

3.10 物体只发生动能和势能的相互转化时，物体的机械能一定守恒. 　　(　)

3.11 系统不受外力或所受外力的合力为零，系统的动量守恒. 　　　　(　)

3.12 完全弹性碰撞的物体，它们的机械能和动量都守恒. 　　　　　(　)

3.13 完全非弹性碰撞的物体动量不守恒. 　　　　　　　　　　　(　)

二、填空题

3.1 物体做功不可缺少的两个因素是_____和_____.

3.2 功率描述了力对物体做功的_____程度.

3.3 在国际单位制中，功率的单位是_____符号为_____.

3.4 动能是指物体由于_____而具有的能，其大小与物体的_____和速度（的平方）有关.

3.5 在一个过程中，合外力对物体所做的功，等于物体在这个过程中_____.

3.6 重力做功与_____无关.

3.7 重力对物体做正功，重力势能就_____；重力对物体做负功，重力势能就_____.

3.8 在只有重力或弹力做功的物体系内，_____与_____可以互相转化，而总的机械能_____.

3.9 动能和势能统称为_____.

3.10 冲量是一个过程量，表示力在_____上积累的作用效果.

3.11 物体在一个过程始末的_____变化量等于它在这个过程中所受力的冲量.

3.12 如果一个系统_____或者所受的合外力始终为零时，这个系统的总动量保持不变，这就是动量守恒定律.

3.13 在碰撞现象中，一般都满足内力_____外力.

三、选择题

3.1 ［正、负功的判断］（多选）如图3.6所示，人站在自动扶梯上不动，随扶梯向上匀速运动，下列说法中正确的是 　(　)

A. 重力对人做负功　　　　　　B. 摩擦力对人做正功

C. 支持力对人做正功　　　　　D. 合力对人做功为零

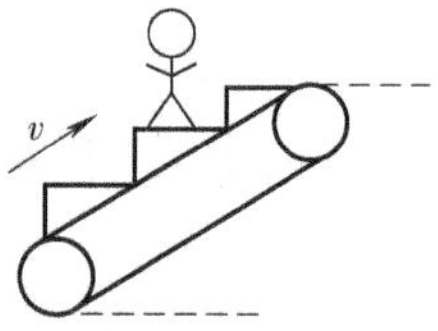

图3.6 选择题3.1用图

3.2 ［直线运动中恒力做功的计算］起重机以 $1\ \text{m/s}^2$ 的加速度将质量为 1000 kg 的货物由静止开始匀加速向上提升，g 取 $10\ \text{m/s}^2$，则在 1 s 内起重机对货物做的功是 　　　　　　　(　)

A. 500 J　　　　　　　　　　B. 4500 J

C. 5000 J　　　　　　　　　　D. 5500 J

3.3 ［对动能概念的理解］关于物体的动能，下列说法中正确的是 　(　)

A. 物体速度变化，其动能一定变化；

B. 物体所受的合外力不为零，其动能一定变化；

C. 物体的动能变化，其运动状态一定发生改变；

D. 物体的速度变化越大，其动能一定变化也越大.

3.4 ［机械能守恒的判断］下列关于机械能守恒的说法中正确的是 （   ）

A. 做匀速运动的物体，其机械能一定守恒；

B. 物体只受重力，机械能才守恒；

C. 做匀速圆周运动的物体，其机械能一定守恒；

D. 除重力做功外，其他力不做功，物体的机械能一定守恒.

3.5 ［功能关系的应用］自然现象中蕴藏着许多物理知识，如图3.7所示为一个盛水袋，某人从侧面缓慢推袋壁使它变形，则水的势能 （   ）

A. 变大
B. 变小
C. 不变
D. 不能确定

图3.7 选择题3.5用图

3.6 ［动量定理的应用］质量为60 kg的建筑工人，不慎从高空跌下，由于弹性安全带的保护，他被悬挂起来. 已知安全带的缓冲时间是1.2 s，安全带长5 m，取 $g = 10$ m/s^2，则安全带所受的平均冲力的大小为 （   ）

A. 500 N
B. 600 N
C. 1100 N
D. 100 N

四、简答题

3.1 质量较大的喜鹊与质量较小的燕子在空中飞行，如果它们的动能相等，谁飞得快？

3.2 为什么重力势能有正负，弹性势能只有正值，而引力势能只有负值？

3.3 在同一位置以相同的速率把三个小球分别沿水平、斜向上、斜向下方向抛出，不计空气阻力，则落在同一水平地面时的速度大小一样大吗？为什么？

3.4 在什么条件下，质点系的机械能守恒？

3.5 在建筑工地施工的工人为什么要戴"安全帽"？

3.6 动量守恒的条件是什么？

五、计算题

3.1 一个人用400 N的力沿水平方向匀速推一辆重200 N的车，共前进了5 m，则该人对车做了多少功？重力做了多少功？

3.2 质量为50 kg的物体放在水平地面上，某人用100 N的水平力推它做匀速直线运动，在5 s内物体移动了10 m. 试问：

（1）人对物体做了多少功？

（2）人推物体的功率是多少？

3.3 将一质量为10 kg的物体，自水平地面由静止开始用一竖直向上的拉力将其以0.5 m/s^{2}的加速度向上拉起. 试求：

（1）在向上拉动的10 s内，拉力所做的功和拉力的功率；

（2）上拉至10 s末时拉力的功率.（g 取 10 m/s^2）

3.4 一辆质量为1.6 t的小汽车，当它以54 km/h的速度在水平路面上匀速行驶时的动能是多少？

3.5 一架喷气式飞机，质量为 5 t，起飞过程中从静止开始滑跑 530 m 的位移，达到起飞速度 60 m/s，在此过程中飞机受到的平均阻力是飞机重量的 0.02 倍，求飞机受到的牵引力.（g 取 10 m/s²）

3.6 一列火车总质量 $m = 500$ t，发动机的额定功率 $P = 6 \times 10^5$ W，在轨道上行驶时，轨道对列车的阻力 F_f 是车重的 0.01 倍。（取 $g = 10$ m/s²）

（1）求列车在水平轨道上行驶的最大速度；

（2）在水平轨道上，发动机以额定功率 P 工作，求当行驶速度为 $v_1 = 1$ m/s 和 $v_2 = 10$ m/s 时，列车的瞬时加速度 a_1、a_2 的大小；

（3）列车在水平轨道上以 36 km/h 的速度匀速行驶时，求发动机的实际功率 P'；

（4）若列车从静止开始，保持 0.5 m/s² 的加速度做匀加速运动，求这一过程维持的最长时间.

3.7 如图 3.8 所示，固定在水平面上的组合轨道，由光滑的斜面、光滑的竖直半圆（半径 $R = 2.5$ m）与粗糙的水平轨道组成；水平轨道动摩擦因数 $\mu = 0.25$，与半圆的最低点相切，轨道固定在水平面上. 一个质量为 $m = 0.1$ kg 的小球从斜面上 A 处由静止开始滑下，并恰好能到达半圆轨道最高点 D，且水平抛出，落在水平轨道的最左端 B 点处. 不计空气阻力，小球在经过斜面与水平轨道连接处时不计能量损失，g 取 10 m/s². 求：

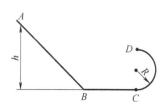

图 3.8 计算题 3.7 用图

（1）小球从 D 点抛出的速度 v_D；

（2）水平轨道 BC 的长度 x；

（3）小球开始下落的高度 h.

3.8 某人以初速度 4 m/s 将质量为 m 的小球抛出，小球落地时的速度为 8 m/s，则小球刚被抛出时的高度约为多少米？

3.9 一个人用 400 N 的恒力匀速推一板车货物从 A 处到 B 处，共用了 5 min 的时间，则该人的力的冲量是多少？

3.10 一辆质量为 2.0 t 的小汽车，当它以 72 km/h 的速度在水平路面上匀速行驶时受到一恒力的作用，在 2 s 内使其速度降为了 36 km/h，试求该力的大小.

3.11 光滑水平面上有两个物块 A、B 沿同一直线相向运动，A 的速度大小为 4 m/s，质量为 2 kg，B 的速度大小为 2 m/s，二者碰后粘在一起沿 A 原来的方向运动，且速度的大小变为 1 m/s. 试求物块 B 的质量.

六、论述题

3.1 请联系自己的专业或生活实际，谈谈自己对机械能守恒定律或者动量守恒定律的理解、认识及应用（自拟题目，不少于 600 字）.

第4章　热学

> 　　物质的运动形式多种多样，前面的力学部分已经针对物质的机械运动及其规律进行了相关研究，本章则将介绍物质的热运动，讨论与热现象有关的性质与规律. 从宏观上讲，热现象是与温度有关的现象；而从微观上看，热现象与物体中原子的热运动有关. 热学正是研究物质的热运动以及与热相联系的各种规律的科学，它与力学、光学以及电磁学一起被称为经典物理的四大基础.
>
> 　　研究热现象规律的方法有宏观的热力学和微观的统计力学两种. 热力学根据由观察和实验总结出来的热现象的规律，用严密的逻辑推理方法，研究各种宏观物体的热性质. 统计力学是从物质的微观结构和微观运动出发，利用统计的方法，研究物体热现象的相关规律. 热力学和统计力学是关于大量粒子系统宏观热现象的基本理论，二者既各具特色，又互相补充，相得益彰，形成了完整的热学理论.
>
> 　　本章首先引入热力学平衡态、状态参量等概念，给出理想气体的物态方程，然后讨论热力学第一定律等基础知识.

4.1　气体动理论

　　气体动理论是统计物理的一个组成部分，它是由麦克斯韦、玻耳兹曼等人在 19 世纪中叶建立起来的. 气体动理论是从物质的微观结构出发来阐明热现象规律的. 因此，物质的微观结构、微观粒子的受力和运动特征是这一理论的基础，人们通过大量实验，逐步建立了物质的微观模型，其要点如下：

　　宏观物体都是由大量的微观粒子，即分子或原子所组成，分子或原子具有一定大小（原子线度为 10^{-10} m）和质量（氢气分子质量为 3.3×10^{-27} kg）；分子或原子处于永不停息的热运动之中，热运动的剧烈程度与物体的温度有关；分子或原子之间存在相互作用力，当其相距较远时表现为引力，相距很近时表现为斥力.

　　根据物质的微观模型，可以像在力学中一样讨论构成物质的单个微粒的运动，说明物质的固、液、气三态的存在，并分析三种聚集态下微观粒子的受力情况. 对于固体和液体，分子或原子凝聚在一起，分子间主要是引力，但因其都具有确定的体积，且不易压缩，表明分子间亦有斥力作用. 固体具有一定的形状而液体没有，但液体具有流动性，表明固体分子间的作用力强于液体. 对于气体而言，其体积由容器的体积决定，表明气体分子间作用力很弱，几乎可以不予考虑.

4.1.1 热力学系统　平衡态　状态参量

1. 热力学系统　热学研究的是一切与热现象有关的问题，其研究对象可以是固体、液体或者气体，这些大量微观粒子（原子、分子或其他粒子）组成的宏观物体，称为热力学系统，简称系统. 与系统发生相互作用的外部环境物质称为外界. 根据系统与外界相互作用的特点，通常可将系统分为孤立系统、封闭系统和开放系统三种：如果一个热力学系统与外界不发生任何物质和能量的交换，则该系统被称为孤立系统；如果一个热力学系统与外界只有能量交换而无物质交换，则该系统被称为封闭系统；如果一个热力学系统与外界同时有能量和物质交换，则称为开放系统.

2. 平衡态　热学主要研究与系统内部状态有关的宏观性质及其关系. 对于一个与外界存在相互作用的系统而言，其宏观性质在外界的影响下会不断发生变化，难以名状；或者宏观性质不均匀，因点而异. 这都给系统宏观性质的描述带来了极大困难. 人们在实践中发现，一个不受外界影响的系统，最终总会达到宏观性质不随时间变化、且处处均匀一致的状态，我们把在不受外界影响的条件下，系统处于宏观性质不随时间变化的状态称为热力学平衡态，简称平衡态，而不满足上述条件的系统状态则称为非平衡态. 如图4.1a 所示，有一密闭容器，中间用一隔板隔开，将其分成 A、B 两室，其中 A 室充满某种气体，B室为真空室. 最初 A 室气体处于平衡态，其宏观性质不随时间变化，之后将隔板抽去，A 室气体开始向 B 室扩散. 由于气体在扩散过程中，气体的体积、压强等不断变化，因此过程中的每一中间态都是非平衡态. 随着时间推移，气体充满整个容器，扩散停止，此时系统的宏观性质不再随时间而变化，系统达到了新的平衡态，如图 4.1b 所示.

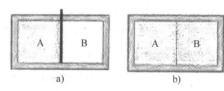

图 4.1　平衡态与非平衡态

这里我们必须注意：首先，系统处于平衡态的条件是"不受外界影响". 对于孤立系统，这个条件自然满足，但真正的孤立系统是不存在的. 若系统与外界存在相互作用，但系统与外界没有物质交换，且其能量交换可以略去不计，则可以认为系统不受外界影响. 其次，平衡态下系统的宏观性质不随时间变化，但从微观的角度看，组成系统的大量粒子的微观运动状态仍处于不停的变化之中，只是大量粒子运动的总效果不变，这在宏观上就表现为系统的宏观性质不变. 因此这种平衡又称为热动平衡，即热力学动态平衡，这与力学中质点或刚体的平衡状态完全不同. 另外，在外界的影响下，系统的宏观性质也能处于不随时间变化的状态，但这种状态不叫平衡态，而称为稳定态.

3. 状态参量　怎样描述热力学系统的平衡态呢？既然系统在平衡态下，其宏观性质不随时间而变，那么就可以选择与热现象有关的、表征系统宏观性质的、易于测量的参量来描述系统的平衡态. 由于这些参量之间可能存在一定的关系，总可以选择若干个独立的参量来描述系统的平衡态，把选作描述系统平衡态的一组相互独立的宏观参量称为系统的状态参量.

由于热运动能够改变宏观物体的几何形状和大小、影响材料的弹性系数等力学性质和介质的电磁特性及物体所处的聚集态等诸多方面，按状态参量的性质可将其分为几何参量（体积、面积、长度）、力学参量（压强、表面张力、弹性系数）、电磁参量（电场强度、磁感应强度)、化学参量(物质的量、摩尔质量)和热学参量(温度)等几类. 用这几类参量的若干个或全体同时描述一个系统的状态是热力学中特有的方法. 它反映了热力学系统的复杂性和热力学研究对象的广泛性.

描述不同的系统所需要的状态参量的个数和种类是不同的. 对于由一定量的单种化学成分的物质组成的气体、液体或者固体系统,我们称之为简单均匀系. 当研究对象是气体时,对简单均匀系常用体积、压强和温度来描述系统的宏观状态,这三者称为气体的状态参量.

(1) 体积　在略去气体分子大小的前提下,气体体积的意义是指气体分子自由活动的空间大小,即容器的容积,用 V 表示;在国际单位制(SI)中,体积的单位是立方米,其符号为 m^3,其他常用单位还有立方分米,即升(L),换算关系为

$$1\ m^3 = 10^3\ L$$

(2) 压强　气体的压强是气体作用在容器器壁单位面积上的指向器壁的垂直作用力,即作用于器壁上单位面积的正压力. 若以 F 表示正压力,S 为器壁的表面积,作用于器壁单位面积上的正压力称为压强,用 p 表示,则

$$p = \frac{F}{S}$$

在国际单位制中,压强的单位是帕斯卡,简称帕,其符号为 Pa. 此外,也常用毫米汞柱(mmHg)和标准大气压(atm)作为压强的单位,它们之间的换算关系为

$$1\ atm = 760\ mmHg \approx 1.013 \times 10^5\ Pa$$

(3) 温度　温度是表征物体冷热程度的物理量,较热的物体具有较高的温度;在本质上,温度的高低反映了物体内部大量分子热运动的剧烈程度. 温度的数值标定方法称为温标. 日常生活中常用的一种温标是摄氏温标,用 t 表示,其单位为摄氏度(℃). 人们将水的冰点定义为摄氏温标的0℃,水的沸点定义为摄氏温标的100℃. 在科学技术领域,常用的是另一种温标,称为热力学温标,也叫开尔文温标,用 T 表示,它在国际单位制中的名称为开尔文,简称开(K). 热力学温标与摄氏温标之间的换算关系为

$$T = 273.15 + t \tag{4.1}$$

4.1.2　气体的三条实验定律

在足够宽广的温度、压强变化范围内进行研究发现,气体的温度、体积以及压强三者变化的关系相当复杂. 但是在气体的温度不太低(与室温相比)、压强不太大(与大气压相比)和密度不太高时,不同的气体遵守同样的实验规律,即玻意耳-马略特定律、查理定律和盖·吕萨克定律. 如果气体在压强很大、温度很低,即气体很不稀薄甚至接近液化时,实验结果与上述定律相比会有很大的偏差.

1. 玻意耳-马略特定律　英国科学家玻意耳和法国科学家马略特分别于1662年和1679年通过实验独立发现,一定质量的气体,当温度保持不变时,它的压强与体积的乘积等于恒量,即

$$pV = C \tag{4.2}$$

并且常数 C 与温度有关,亦即在一定温度下,对一定量的气体,其体积与压强成反比.

例题4.1　一定质量的某种气体,当温度保持不变,压强从2 atm 降为1 atm 时,其体积变为多少?

解 由题意知，$p_1 = 2$ atm，$p_2 = 1$ atm，设原来的体积为 V，则由玻意耳-马略特定律，得

$$V_2 = \frac{p_1}{p_2}V_1 = \frac{2}{1} \times V = 2V$$

即体积变为原来的 2 倍.

2. 查理定律 查理定律认为，一定质量的气体，当体积保持不变时，它的压强与热力学温度成正比，即

$$\frac{p}{T} = C \tag{4.3}$$

例题 4.2 密闭容器中装有某种气体，压强为 2 atm，当温度从 50℃升到 100℃时，其压强变为多少？

解 由题意知，$p_1 = 2$ atm，$T_1 = (50 + 273)$ K $= 323$ K，$T_2 = (100 + 273)$ K $= 373$ K，由查理定律，得

$$p_2 = \frac{T_2}{T_1}p_1 = \frac{373}{323} \times 2\text{atm} \approx 2.3\text{atm}$$

3. 盖·吕萨克定律 盖·吕萨克定律认为，一定质量的气体，当压强保持不变时，它的体积与热力学温度成正比，即

$$\frac{V}{T} = C \tag{4.4}$$

例题 4.3 一定质量的某种气体，当压强保持不变，温度从 50℃升到 100℃时，其体积变为多少？

解 由题意知，$T_1 = (50 + 273)$ K $= 323$ K，$T_2 = (100 + 273)$ K $= 373$ K，设原来的体积为 V，则由盖·吕萨克定律，得

$$V_2 = \frac{T_2}{T_1}V_1 = \frac{373}{323} \times V \approx 1.15V$$

即体积变为原来的 1.15 倍.

4.1.3 理想气体的物态方程

不同的气体在一定的范围内均遵守三个实验定律，即不同的气体反映出共同的性质，这种情况不是偶然的，而是气体一定的内在规律性的反映. 为了概括并研究气体的这一规律，引入理想气体的概念，即严格遵守上述三条实验定律的气体称为理想气体. 理想气体是热力学和统计力学中一个基本而又重要的模型.

虽然完全理想的气体并不可能存在，但许多实际气体，特别是那些不容易液化、凝华的气体（如氦气、氢气、氧气、氮气等）在常温常压下的性质已经十分接近于理想气体.（由于氦气不但体积小、互相之间作用力小，也是所有气体中最难液化的，因此它是所有气体中最接近理想气体的气体.）

当具有某一体积 V 的一定量气体，在无外力场作用的条件下，处于平衡态时，气体内的温度 T、压强 p、密度（或分子数密度）等处处均匀一致；三个状态参量（p，V，T）存在着一定的关系，其中任一个参量是其余两个参量的函数. 凡是表示在平衡态下这些状态参量之间关系的数学表达式，都称为气体的物态方程.

由式 (4.2)、式 (4.3) 和式 (4.4) 可得

$$\frac{pV}{T} = C \tag{4.5}$$

式中，C 是与 p、V、T 无关的常量. 式 (4.5) 表示了一定量的理想气体在任一平衡态下压强 p、体积 V 以及温度 T 之间的关系，称为理想气体的物态方程.

例题 4.4 一定质量的某种理想气体，初态的压强为 1 atm，温度为 50℃，体积为 5 L. 当压强升为 2 atm，温度升到 100℃时，其体积变为多少？

解 由题意知，$p_1 = 1$ atm，$T_1 = (50 + 273)$ K $= 323$ K，$V_1 = 5$ L，$p_2 = 2$ atm，$T_2 = (100 + 273)$ K $= 373$ K，设末态的体积为 V_2，则由理想气体的物态方程，有

$$\frac{p_1 V_1}{T_1} = \frac{p_2 V_2}{T_2}$$

于是得

$$V_2 = \frac{p_1 T_2}{p_2 T_1} V_1 = \frac{1 \times 373}{2 \times 323} \times 5 \text{ L} \approx 2.9 \text{ L}$$

4.2 热力学基础

4.2.1 准静态过程

各种热现象发生时，都伴随着系统状态的变化. 系统从一个状态向另一个状态的过渡称为**热力学过程**，简称**过程**. 根据过程的特点可将热力学过程分为**准静态过程**和**非静态过程**两类.

1. 弛豫时间 设过程由系统的某一平衡态开始，平衡态被破坏后需要经过一段时间才能达到新的平衡态，这段时间称为**弛豫时间**.

2. 准静态过程和非静态过程 如果过程进行得较快，在系统还未达到新的平衡态前其状态又发生了变化，在这样的热力学过程中系统必然要经历一系列的非平衡状态，这种过程称为**非静态过程**. 真实的过程实际上都是非静态过程. 热力学理论中具有重要意义的却是**准静态过程**，即任意一个中间状态都是平衡态的热力学过程. 严格说来，准静态过程是一个进行得无限缓慢，以致系统连续不断地经历着一系列平衡态的过程.

只有系统内部各部分之间以及系统与外界之间都始终同时满足力学、热学、化学平衡条件的过程才是准静态过程，准静态过程是不可能达到的理想过程. 但我们可以尽量趋近它，只要系统内部各部分（或者系统与外界）之间的压强差、温度差，以及同一成分在各处的浓度之间的差异分别与系统的平均压强、平均温度、平均浓度之比很小时，就可以认为系统已经分别满足力学、热学和化学平衡条件. 对于通常的实际过程，要求准静态过程的状态变化足够缓慢即可，缓慢是否足够的标准是弛豫时间，准静态过程要求状态改变时间远远大于弛豫时间.

对于一定量的理想气体系统，它的三个状态量中只有两个是独立的. 若给定任意两个状态参量的数值，第三个状态参量的值也就知道了，即确定了一个平衡态，理想气体准静态过程的三个状态参量之间的这种关系可以分别用图 4.2a、b 或 c 来表示. 通常使用的是 p-V图，p-V图中的每一个点，对应一组确定的状态参量，代表系统的一个平衡态；每一条连续

的曲线，代表一个准静态过程，可在过程曲线上用箭头指明过程进行的方向.

由图4.2可以看出，曲线（1）表示的是等体过程（即体积保持不变的过程），它对应的是查理定律；曲线（2）表示的是等压过程（即压强保持不变的过程），它对应的是盖·吕萨克定律；曲线（3）

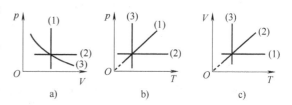

图4.2 准静态过程的曲线描述

表示的是等温过程（即温度保持不变的过程），它对应的是玻意耳-马略特定律.

4.2.2 功 热量 内能

1. 功 在力学中，外力对物体做功，会改变物体相对于参考系的机械运动状态，同时将伴有能量的转移——功. 热力学的平衡态要满足力学、热学和化学平衡条件，将力学平衡条件被破坏时产生的对系统状态的影响称为力学相互作用，在力学相互作用的过程中，系统与外界转移的能量就是热力学的功. 这种力是一种广义的力，不仅包含机械力，也包含电场力、磁场力等；相应的，功也是广义的功，除包括机械功外，还可以有电场功、磁场功等.

在功的计算方面，力学中只要知道力作为位置坐标的函数和质点运动的路径即可求出力所做的功. 对于准静态过程，把广义的力表达为状态参量的函数，利用广义力对应的广义的位移，就能计算出相应的功.

2. 热量 如果状态的改变源于热学平衡条件的破坏，即系统与外界存在温度差，这时系统就与外界存在热学相互作用，作用的结果是有能量从高温物体传递到低温物体，这个传递的能量就是热量. 系统经不同的热力学过程从同一初态过渡到同一末态时，系统从外界吸收的热量是不同的，与具体的热力学过程有关. 热量和功是系统状态变化过程中伴随发生的两种不同的能量传递形式，它们都与中间经历的过程有关，热量和功都是过程量.

大量实验精确地表明，系统从同一初态过渡到同一末态时，在各种不同的绝热过程（与外界没有热量交换的过程）中，外界对系统所做的功是一个常量，该功与具体实施的绝热过程无关，仅由始、末状态决定.

3. 内能 绝热过程中外界对系统做功的这种特性与重力做功有相似之处，重力的功只与物体的始、末位置有关而与运动的路径无关，由此引入了重力势能；根据绝热功的特点，引入一个与系统的状态相对应的能量——内能，当系统绝热地从初态过渡到末态时，系统内能的增量等于外界对系统所做的绝热功. 上述关于内能的定义，实际上定义的是始、末两态内能的差，内能的值可以有一个任意的附加常量.

从微观的角度看，内能是系统内部所有微观粒子的微观无序运动能量以及总的相互作用势能之和. 内能是态函数，处于确定的平衡态的系统，其内能亦是确定的，即内能与状态之间有一一对应的关系. 态函数和过程量具有完全不同的性质，态函数仅由系统的宏观状态决定，在任一平衡态下，态函数都可表达为系统状态参量的函数；当系统状态变化时，态函数亦相应发生变化；当系统的始、末两态确定后，态函数的增量是完全确定的.

4.2.3 热力学第一定律

在长期的生产实践和大量的科学实验基础上，人们逐步认识到物体系在运动和变化的过程中存在着一个量，它可以在不同物体之间转移以及在各种运动形式之间转化，在数量上是守恒的，并由此确定了各种物质运动形式相互转化时的公共量度——功，这个量称为能量，它在各种物质运动形式相互转化过程中总数量守恒.

1. 能量守恒定律 自然界一切物质都具有能量. 能量有各种不同的形式，它既不会凭空产生，也不会凭空消失，只能够从一种形式转化为另一种形式，或者从一个物体传递给另一个物体，在转化和传递中能量的总量保持不变.

2. 热力学第一定律 热力学第一定律就是能量守恒定律在热学中的具体表述.

把讨论内能时所引入的绝热过程推广为一般的过程，系统状态的改变可以通过做功和传热两种方式来实现. 设系统从状态 a 经历一个热力学过程达到状态 b，在该过程中，系统从外界吸热 Q，系统对外界做功 A，系统内能增量为 $\Delta E = E_b - E_a$，根据能量守恒定律有

$$\Delta E = E_b - E_a = Q - A \qquad (4.6)$$

式（4.6）为热力学第一定律的数学表达式. 它表明，热力学系统无论经历什么过程从状态 a 变到状态 b，它从外界吸收的热量与外界对它做功之和必等于系统内能的增量. 这里应当注意各个物理量符号的规定：系统从外界吸入热量为正，系统向外界放出热量为负；系统的内能增加为正，系统的内能减少为负；系统对外界做功为正，外界对系统做功为负.

历史上曾有人试图制造一种机器，它不需要任何燃料和动力，就能不断地对外输出功，这种机器称为第一类永动机. 由能量守恒定律可知，制造第一类永动机是违背科学规律的幻想. 因此，热力学第一定律还可表述为：第一类永动机是不可能造成的.

例题 4.5 一定质量的气体从外界吸收了 4.5×10^5 J 的热量，内能增加了 2.5×10^5 J，请问是气体对外做功还是外界对气体做功? 做了多少功?

解 由题意知，$Q = 4.5 \times 10^5$ J，$\Delta E = 2.5 \times 10^5$ J，根据热力学第一定律，得

$$A = Q - \Delta E = (4.5 \times 10^5 - 2.5 \times 10^5) \text{ J} = 2.0 \times 10^5 \text{ J}$$

因为 A 为正值，所以是气体对外做功.

例题 4.6 空气压缩机的活塞对空气做了 3.0×10^5 J 的功，空气的内能增加了 1.0×10^5 J，空气与外界传递的热量是多少? 是吸热还是放热?

解 由题意知，$A = -3.0 \times 10^5$ J，$\Delta E = 1.0 \times 10^5$ J，根据热力学第一定律，得

$$Q = \Delta E + A = (1.0 \times 10^5 - 3.0 \times 10^5) \text{ J} = -2.0 \times 10^5 \text{ J}$$

因为 Q 为负值，所以是放热.

例题 4.7 用活塞压缩气缸里的空气，对空气做了 900 J 的功，同时气缸向外散热 210 J，则气缸中空气的内能改变了多少? 是增加还是减少?

解 由题意知，$A = -900$ J，$Q = -210$ J，根据热力学第一定律，得

$$\Delta E = Q - A = (-210 + 900) \text{ J} = 690 \text{ J}$$

因为 ΔE 为正值，所以内能是增加了.

习 题

一、判断题

4.1 $-33\text{℃} = 240$ K. （　　）

4.2 气体的体积、压强和温度这三个物理量称为气体的状态参量. （　　）

4.3 在热力学过程中，热量和功都是过程量. （　　）

4.4 在各种不同的绝热过程（与外界没有热量交换的过程）中，外界对系统所做的功是一个常量. （　　）

4.5 由热力学第一定律可知第一类永动机是不可能造成的. （　　）

4.6 为了增加物体的内能，必须对物体做功或向它传递热量，做功和热传递的实质是相同的. （　　）

二、填空题

4.1 "墙内开花墙外香"是一种自然现象，它说明了＿＿＿＿＿＿＿＿＿＿＿＿＿＿＿.

4.2 将两滴水银相互接近能自动结合成一滴较大的水银，这一事实说明分子之间存在着＿＿＿＿＿＿＿.

4.3 一切达到热平衡的系统都具有相同的＿＿＿＿＿＿＿.

4.4 现在的室温是 17℃，则其热力学温度约是＿＿＿＿ K.

4.5 理想气体物态方程的数学表达式为＿＿＿＿＿＿＿.

4.6 一个热力学系统的内能增量等于外界向它传递的＿＿＿＿与外界对它所做的功的和.

4.7 改变物体内能的两种方式是：（1）＿＿＿＿；（2）热传递.

4.8 能量既不会凭空产生，也不会凭空消失，它只能从一种形式＿＿＿＿为另一种形式，或者从一个物体＿＿＿＿到另一个的物体，在转化或转移的过程中，能量的总量保持不变.

4.9 热力学第一定律的实质是＿＿＿＿＿＿＿＿＿＿＿＿.

4.10 一个物体对外做功 75 J，从外界吸收热量 50 J，则在此过程中物体的内能＿＿＿＿（填"增加"或"减少"）了＿＿＿＿ J.

三、选择题

4.1 室温为 32℃时的热力学温度约为 （　　）

A. 307 K　　　　B. 297 K　　　　C. 305 K　　　　D. 295 K

4.2 玻意耳-马略特定律的数学表达式是 （　　）

A. $pV = C$　　B. $\dfrac{p}{T} = C$　　C. $\dfrac{V}{T} = C$　　D. $\dfrac{pV}{T} = C$

4.3 查理定律的数学表达式是 （　　）

A. $pV = C$　　B. $\dfrac{p}{T} = C$　　C. $\dfrac{V}{T} = C$　　D. $\dfrac{pV}{T} = C$

4.4 盖·吕萨克定律的数学表达式是 （　　）

A. $pV = C$　　B. $\dfrac{p}{T} = C$　　C. $\dfrac{V}{T} = C$　　D. $\dfrac{pV}{T} = C$

4.5 理想气体的物态方程是 （　　）

A. $pV = C$　　B. $\dfrac{p}{T} = C$　　C. $\dfrac{V}{T} = C$　　D. $\dfrac{pV}{T} = C$

4.6 关于热力学第一定律的理解，下列说法正确的是 （　　）

A. 物体放出热量，其内能一定减小；

B. 物体对外做功，其内能一定减小；

C. 物体吸收热量，同时对外做功，其内能可能增加；

D. 物体放出热量，同时对外做功，其内能可能不变.

四、简答题

4.1　平衡态和热平衡的意义有何异同？

4.2　什么是压强？

4.3　在玻意耳-马略特定律中，气体的哪个状态参量保持不变？

4.4　在查理定律中，气体的哪个状态参量保持不变？

4.5　在盖·吕萨克定律中，气体的哪个状态参量保持不变？

4.6　理想气体物态方程是根据哪些实验定律导出的？

4.7　给车胎打气使其达到所需的压强，冬天和夏天打入车胎内的空气质量是否相同？

4.8　热力学第一定律的实质是什么？

五、计算题

4.1　一定质量的某种气体，当温度保持不变，压强从 3 atm 降为 1 atm 时，其体积变为多少？

4.2　密闭容器中装有某种气体，压强为 2 atm，当温度从 30℃升到 100℃时，其压强变为多少？

4.3　一定质量的某种气体，在压强保持不变的情况下，温度由 30℃升高到 80℃时，体积变为多少？

4.4　一定质量的某种理想气体，初态的压强为 1 atm，温度为 30℃，体积为 5 L. 当压强升为 2 atm，温度升到 90℃时，其体积变为多少？

4.5　一定质量的气体，在从状态 1 变化到状态 2 的过程中，吸收热量 280 J，并对外做功 120 J，试问这些气体的内能发生了怎样的变化？变化多少？

4.6　空气压缩机的活塞对空气做了 1.0×10^5 J 的功，空气的内能增加了 3.0×10^5 J，空气与外界传递的热量是多少？是吸热还是放热？

4.7　一定质量的气体从外界吸收了 5.0×10^5 的热量，内能增加了 2.0×10^5 J，请问是气体对外做功还是外界对气体做功？做了多少功？

六、论述题

4.1　请联系自己的专业或生活实际，谈谈自己对热力学第一定律的理解、认识及应用（自拟题目，不少于 600 字）.

第 5 章   静电场

电磁学是一门研究电磁相互作用基本规律的学科，电磁相互作用是自然界中一种基本的相互作用，电磁相互作用对原子和分子的结构起着关键作用，因而在很大程度上决定着各种物质的物理性质与化学性质，理解和掌握电磁运动的规律具有非常重要的意义.

任何电荷周围都存在一种特殊的物质——电场，相对于观察者是静止的电荷在其周围所激发的电场称为静电场. 本章首先介绍两个基本定律：电荷守恒定律和库仑定律，接着引入描述电场性质的两个重要物理量：电场强度和电势，然后讨论导体的静电平衡问题.

5.1   电荷守恒定律   库仑定律

5.1.1   电荷   电荷的量子化

1. 电荷   很早以前，人们就认识到两种不同质料的物体（如丝绸和玻璃、毛皮和火漆棒等）经过互相摩擦后具有吸引轻小物体（如羽毛、纸片等）的能力. 这时就说两个物体处于带电状态. 处于带电状态的物体称为带电体. 带电体所带的电称为电荷，物体所带电荷的多少称为电量. 电量的单位为库仑（是导出单位），符号为 C. 电荷只有两种，分别称为正电荷（与丝绸摩擦过的玻璃棒所带电荷相同）和负电荷（与毛皮摩擦过的火漆棒所带电荷相同）. 电荷之间有相互作用力，同种电荷相斥，异种电荷相吸. 这种相互作用力称为电力，根据带电体之间相互作用力的大小，能够确定物体所带电荷的多少.

2. 电荷的量子化   在已知的粒子中，不仅电子和质子带有电荷，还有一些粒子也带有正电荷或负电荷，所有粒子所带电荷有个重要特点，就是它们总是以一个基本单元的倍数出现. 电荷的基本单元称为基元电荷. 它的量值就是一个电子或一个质子所带电量的绝对值，常以 e 表示. 经测定，$e \approx 1.602 \times 10^{-19}$ C. 这就是说，微观粒子所带的电荷数都只能是基元电荷的倍数. 电荷的这种离散特性称为电荷的量子化.

5.1.2   电荷守恒定律

任何带电过程，都是电荷从一个物体（或物体的一部分）转移到另一个物体（或同一物体的另一部分）的过程. 无数事实证明：电荷既不能被创造也不能被消灭，它们只能从一个物体转移到另一个物体或者从物体的这一部分转移到另一部分. 亦即，在一个孤立系统内，无论进行怎样的物理过程，系统内电荷量的代数和总是保持不变，这个规律称为电荷守恒定律.

电荷守恒定律是物理学中最基本的定律之一. 它不仅在一切宏观过程中成立, 近代科学实验证明, 它也是一切微观过程 (如核反应、粒子的相互作用过程等) 所普遍遵守的, 特别是在分析有基本粒子参与的各种反应过程时, 电荷守恒定律具有重要的指导意义.

5.1.3 库仑定律

库仑定律是静电场的理论基础, 是静电学的最基本的定律之一. 它是由法国科学家库仑在 1785 年通过扭秤实验总结出来的. 正像牛顿在研究物体运动时引入质点一样, 库仑在研究电荷间的作用时引入了点电荷. 点电荷是指它本身的几何线度比起它到其他带电体的距离小得多的带电体. 这种带电体的形状、大小和电荷在其中的分布等因素已经无关紧要, 因此可以把它抽象成一个几何点, 即点电荷是具有电荷的点, 从而使问题的研究大为简化. 点电荷也是理想化模型.

库仑定律的文字表述为: 真空中两个静止的点电荷之间的相互作用力的大小与这两个电荷所带电量 q_1 和 q_2 的乘积成正比, 与它们之间距离 r 的平方成反比. 作用力的方向沿着两个点电荷的连线, 同号电荷相斥, 异号电荷相吸. 即

$$F = k \frac{q_1 q_2}{r^2} \tag{5.1}$$

式中, F 是静电力, 单位为 N; q 是电荷, 单位为 C; r 是距离, 单位为 m; k 是比例系数, 称为静电力常量, 在国际单位制中, $k = 9.0 \times 10^9$ N $\cdot$ m^2/C^2.

例题 5.1 按照量子理论, 在氢原子中, 核外电子快速地运动着, 并以一定的概率出现在原子核 (质子) 的周围各处, 在基态下, 电子在半径 $r = 0.529 \times 10^{-10}$ m 的球面附近出现的概率最大. 试计算在基态下, 氢原子内电子和质子之间的静电力; 并与例题 2.1 中计算出的万有引力的大小相比较.

解 按库仑定律计算, 电子和质子之间的静电力为

$$F_e = k \frac{e^2}{r^2} = \left[9.0 \times 10^9 \times \frac{(1.60 \times 10^{-19})^2}{(0.529 \times 10^{-10})^2} \right] \text{N} \approx 8.23 \times 10^{-8} \text{ N}$$

例题 2.1 中计算出的电子和质子之间的万有引力为

$$F_g = 3.63 \times 10^{-47} \text{ N}$$

由此得静电力与万有引力的比值为

$$\frac{F_e}{F_g} \approx 2.27 \times 10^{39}$$

可见在原子中, 电子和质子之间的静电力远比万有引力大, 由此, 在处理电子和质子之间的相互作用时, 只需考虑静电力, 万有引力可以略去不计. 而在原子结合成分子, 原子或分子组成液体或固体时, 它们的结合力在本质上也都属于电磁力.

5.2 电场强度 电势

5.2.1 电场强度

1. 电场 对于电荷间的相互作用, 历史上有两种观点: 一种是不需要传递作用力的媒质, 也不需要时间, 可以超越空间、直接地、瞬时地相互作用, 称为超距作用; 另一种是中间需要有传递作用力的媒质, 当两个电荷不直接接触时, 其相互作用必须依赖于其间的物质

作为传递媒质，称为**近距作用**. 现在我们知道超距作用是不存在的，任何物体之间的作用力都是靠中间媒质传递的，电荷也不例外. 这就说明电荷周围必然存在一种特殊物质，尽管看不到摸不着，但确实存在，是物质存在的一种形态，而且现代科学的理论和实验已经证实，这种物质和一切实物粒子一样，具有质量、能量和动量等属性. 这种特殊物质称为**电场**. 任何电荷在空间都要激发电场，电荷间的相互作用是通过空间的电场传递的，电场对处于其中的其他电荷有力的作用. 若电荷相对于惯性参考系是静止的，则在它周围所激发的电场是不随时间变化的电场，称为**静电场**.

2. 电场强度 为定量地研究电场中各点的性质，从电场对电荷有作用力这种特性出发，引入试验电荷 q_0. 试验电荷 q_0 必须是点电荷，而且所带电荷量也必须足够小，以便把它放入电场后，不会对原有的电场构成影响.

实验表明，在电场中给定点处，试验电荷 q_0 所受到电场力 F 的大小和方向是确定的；但在电场中的不同点，q_0 所受电场力 F 的大小和方向一般不同；而且在电场中同一位置，q_0 所受电场力 F 的大小和方向随 q_0 而变化，但无论 q_0 如何变化，其所受电场力 F 与其电荷量 q_0 的比值始终保持不变. 可见 F/q_0 与试验电荷 q_0 无关，它反映的是电场中某点的性质. 因此，可以把 F/q_0 作为描述电场性质的物理量，称为**电场强度**，简称场强，用 E 表示. 即

$$E = \frac{F}{q_0} \tag{5.2}$$

如果 $q_0 = 1$ C，则 E 与 F 数值相等，方向相同. 电场强度是矢量，电场中某点的电场强度在量值上等于单位正电荷在该点所受的电场力的大小，其方向就是正电荷在该点所受的电场力的方向. 在国际单位制中，电场强度的单位是牛每库，记作牛/库，符号为 N/C；或者伏每米，记作伏/米，符号为 V/m.

例题 5.2 根据电场强度的定义，计算点电荷 q 所产生的电场中的电场强度分布.

解 设在真空中有一个点电荷 q，则在其周围电场中，距离 q 为 r 的 P 点处置一试验电荷 q_0，则作用于 q_0 的电场力为

$$F = k \frac{qq_0}{r^2}$$

式中，r 表示从点电荷 q 到 P 点的距离. 根据电场强度的定义，P 点的电场强度为

$$E = \frac{F}{q_0} = k \frac{q}{r^2} \tag{5.3}$$

如果以 q 为球心，以 r 为半径作一球面，则球面上各点电场强度的大小相等，方向均沿着球的径向. 由此可以看出点电荷电场强度分布的规律性.

例题 5.3 在电场中放入电量为 5.0×10^{-8} C 的电荷，受到的电场力 4.0×10^{-3} N，这一点的电场强度是多少？如果改用电量为 3.0×10^{-9} C 的试验电荷放入该点，则其受到的电场力是多少？

解 由题意知，$q_1 = 5.0 \times 10^{-8}$ C，$F_1 = 4.0 \times 10^{-3}$ N，$q_2 = 3.0 \times 10^{-9}$ C，根据电场强度的定义式（5.2），得

$$E = \frac{F_1}{q_1} = \frac{4.0 \times 10^{-3}}{5.0 \times 10^{-8}} \text{ N/C} = 8.0 \times 10^4 \text{ N/C}$$

$$F_2 = q_2 E = (3.0 \times 10^{-9} \times 8.0 \times 10^4) \text{ N} = 2.4 \times 10^{-4} \text{ N}$$

3. 电场线 为了形象直观地描述电场在空间的分布，我们可以假想在电场中分布着一系列带箭头的曲线，曲线上各点的切线方向表示该点电场强度的方向；用曲线的疏密程度来表示电场的强弱：曲线分布越密的区域表示电场越强，分布越疏的区域电场越弱，即电场强度的大小与曲线的分布密度成正比；这些曲线称为<u>电场线</u>.

静电场的电场线的性质有以下几点：电场线起于正电荷，止于负电荷，在没有电荷的地方不会中断；电场线不会构成闭合曲线；任何两条电场线不会相交. 图 5.1 是几种常见的电场的电场线的分布图形.

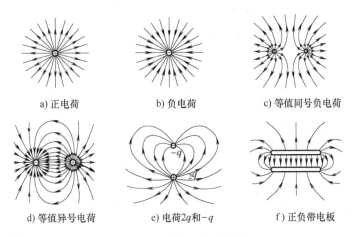

a) 正电荷　　　　　　b) 负电荷　　　　　　c) 等值同号负电荷

d) 等值异号电荷　　　e) 电荷2q和-q　　　　f) 正负带电板

图 5.1　几种常见的电场线

4. 匀强电场 在电场的某一区域里，如果各点的电场强度大小相等、方向相同，这个区域的电场就称为<u>匀强电场</u>. 匀强电场是最简单的，同时也是很重要的电场，在实验研究中经常用到.

两块面积相等、互相正对、彼此平行而又靠近的金属板，分别带上等量异种电荷，就会在两板间形成匀强电场（两板边缘附近除外）. 匀强电场的电场线是疏密均匀、互相平行的直线，如图 5.2 所示.

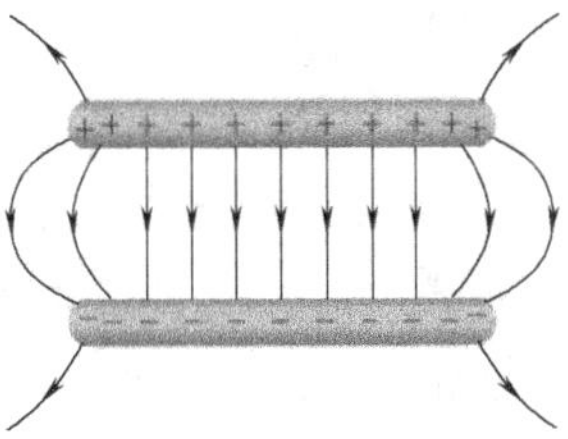

图 5.2　匀强电场

5.2.2 电势

前面引入了描述静电场性质的一个物理量——电场强度，下面将引入描述静电场性质的另外一个物理量——电势.

1. 电势能 由于静电场力与重力相似，是保守力，所以，仿照重力势能的建立，在描述静电场的性质时，引入电势能的概念. 电荷在静电场中的一定位置所具有的势能即为<u>电势能</u>. 依据保守力做功和势能增量的关系可知，电场力的功就是电势能改变的量度.

设 W_a、W_b 分别表示试验电荷 q_0 在起点 a 和终点 b 处的电势能，可知 q_0 在电场中 a、b 两点电势能之差等于把 q_0 自 a 点移至 b 点过程中电场力所做的功，故有

$$W_a - W_b = A_{ab} \tag{5.4}$$

电势能与重力势能相似，是一个相对的量，为了说明电荷在电场中某一点势能的大小，必须有一个作为参考点的"零点"（势能零点）. 对于有限大小的带电体，通常取无限远处为势能零点. 电场力所做的功有正（如在斥力场中）有负（如在引力场中），所以电势能也

有正有负. 在国际单位制中, 电势能的单位为焦耳, 简称为焦, 用符号 J 表示.

例题 5.4 在静电场中把 2.0×10^{-9} C 的正电荷从 a 点移到无限远处, 静电场力做功 1.5×10^{-7} J, 则 a 点的电势能是多少?

解 由题意知, $q = 2.0 \times 10^{-9}$ C, $A_{a\infty} = 1.5 \times 10^{-7}$ J, 取无限远处为势能零点, 即 $W_{\infty} = 0$, 根据电势能的定义式, 得 a 点的电势能为

$$W_a = A_{a\infty} = 1.5 \times 10^{-7} \text{ J}$$

2. 电势 电荷在静电场中某点 p 处的电势能与 q_0 的大小成正比, 而比值 W_p / q_0 却与 q_0 无关, 只取决于电场的性质以及场中给定点 p 的位置. 所以, 这一比值是表征静电场中给定点电场性质的物理量, 称为**电势**, 用字母 V 表示. 即

$$V_p = \frac{W_p}{q_0} \tag{5.5}$$

式中, V 为电势, 在国际单位制中, 电势的单位为伏特, 简称为伏, 用符号 V 表示.

应该指出:

(1) 由于静电场是保守场, 所以才能引入电势的概念. 电势是反映静电场本身性质的物理量, 与试验电荷 q_0 的存在与否无关. 它只是空间坐标的函数, 也与时间 t 无关.

(2) 电势是相对的, 其值与电势零点的选取有关. 电势零点的选取一般应根据问题的性质和研究的方便而定. 电势零点的选取通常有两种: 在理论上, 计算一个有限大小的带电体所产生的电场中各点的电势时, 往往选取无限远处的电势为零 (对于无限大的带电体则不能如此选取, 只能选取有限远点电势为零); 在电工技术或许多实际问题中, 常常选取地球的电势为零, 其好处是一方面便于和地球比较而确定各个带电体的电势, 另一方面, 地球是一个很大的导体, 当地球所带的电量变化时, 其电势的波动很小.

(3) 电势是标量, 可正可负, 遵从线性函数的运算法则.

(4) 在力学中, 势能这个概念比势的概念更为常用; 在静电学中, 则刚好相反, 电势这个概念比电势能更为常用. 但电势和电势能是两个不同的概念, 切记不能混淆.

例题 5.5 在静电场中, 电量为 2.0×10^{-9} C 的正电荷在 a 点的电势能为 1.5×10^{-7} J, 则 a 点的电势是多少?

解 由题意知, $q = 2.0 \times 10^{-9}$ C, $W_a = 1.5 \times 10^{-7}$ J, 取无限远处为电势零点, 即 $V_{\infty} = 0$, 根据电势的定义式, 得 a 点的电势为

$$V_a = \frac{W_a}{q} = \frac{1.5 \times 10^{-7}}{2.0 \times 10^{-9}} \text{ V} = 75 \text{ V}$$

3. 电势差 在静电场中, 任意两点 a 和 b 的电势之差称为**电势差** (亦称**电压**), 用字母 U_{ab} 表示, 即

$$U_{ab} = V_a - V_b \tag{5.6}$$

由上式可知, a、b 两点的电势差 U_{ab} 等于单位正电荷自 a 点移动到 b 点的过程中电场力所做的功. 利用电势差可以计算电场力所做的功

$$A_{ab} = W_a - W_b = qU_{ab} = q(V_a - V_b) \tag{5.7}$$

例题 5.6 在静电场中, a 点的电势是 75 V, b 点的电势是 25 V, 则 a、b 两点之间的电势差是多少?

解 由题意知, $V_a = 75$ V, $V_b = 25$ V, 根据电势差的定义式, 得 a、b 两点之间的电势

差为

$$U_{ab} = V_a - V_b = (75 - 25)\ \text{V} = 50\ \text{V}$$

例题 5.7 在静电场中把 2.0×10^{-9} C 的正电荷从 a 点移到 b 点，如果 a、b 两点之间的电势差是 50 V，试求静电场力所做的功.

解 由题意知，$q = 2.0 \times 10^{-9}$ C，$U_{ab} = V_a - V_b = 50$ V，根据电势差与电场力做功的关系式（5.7），得静电场力所做的功为

$$A_{ab} = qU_{ab} = (2.0 \times 10^{-9} \times 50)\ \text{J} = 1.0 \times 10^{-7}\ \text{J}$$

4. 电势差与电场强度的关系 电势差与电场强度是有联系的. 在匀强电场中，沿电场强度方向的两点间的电势差等于电场强度与这两点的距离的乘积.

如图 5.3 所示，在某一匀强电场中，A、B 两点间的电势差为 U_{AB}，距离为 d，电场强度为 E，则有

$$U_{AB} = Ed \tag{5.8}$$

式（5.8）可以改写成

$$E = \frac{U_{AB}}{d} \tag{5.9}$$

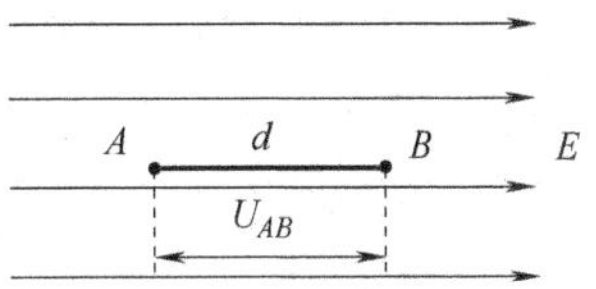

图 5.3 电势差与电场强度的关系

式（5.9）说明，在匀强电场中，电场强度在数值上等于沿电场强度方向单位距离上的电势差. 由式（5.9）可以得出电场强度的另一个单位伏每米（V/m）.

例题 5.8 两块平行的金属板 A、B 相距 5.0 cm，用 10 V 的直流电源对两金属板通电，则两板之间的电场强度是多少？

解 由题意知，$d = 5.0$ cm $= 5.0 \times 10^{-2}$ m，$U_{AB} = 10$ V，根据匀强电场中电势差与电场强度的关系式（5.10），得

$$E = \frac{U_{AB}}{d} = \frac{10}{5.0 \times 10^{-2}}\ \text{V/m} = 2.0 \times 10^{2}\ \text{V/m}$$

5.2.3 导体的静电平衡

前面讨论的是真空中静电场的情况，下面讨论静电场中导体的性质以及导体对静电场的影响.

1. 静电感应现象 通常的金属导体都是以金属键结合的晶体，处于晶格结点上的原子很容易失去外层的价电子，而成为正离子. 脱离原子核束缚的价电子可以在整个金属中自由运动，称为自由电子. 在不受外电场作用时，自由电子只做热运动，不发生宏观电量的迁移，因而整个金属导体的任何宏观部分都呈电中性状态.

当把金属导体放入电场强度为 E_0 的静电场中时，情况将发生变化. 金属导体中的自由电子在外电场 E_0 的作用下，相对于晶格离子做定向运动，如图 5.4a 所示. 由于电子的定向运动，并在导体一侧面集结，使该侧面出现负电荷，而相对的另一侧面出现正电荷，如图 5.4b 所示，这就是静电感应现象. 由静电感应现象所产生的电荷，称为感应电荷. 感应电荷必然在空间激发电场，这个电场与原来的电场相叠加，因而改变了空间各处的电场分布. 我们把感应电荷产生的电场，称为附加电场，用 E' 表示.

2. 导体的静电平衡条件 在导体内部，附加电场 E' 与外加电场 E_0 方向相反，并且只要 E' 不足以抵消外加电场 E_0，导体内部自由电子的定向运动就不会停止，感应电荷就继续增

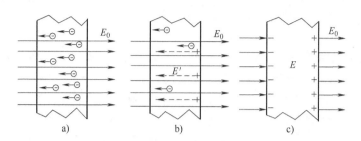

图5.4 导体的静电平衡

加，附加电场 E' 将相应增大，直至 E' 与 E_0 完全抵消，导体内部的电场为零，如图 5.4c 所示，这时自由电子的定向运动也就停止了．在金属导体中，自由电子没有定向运动的状态，称为**静电平衡**．导体建立静电平衡的过程就是静电感应发生并达到稳定的过程．实际上，这个过程是在极其短暂的时间内完成的．

感应电荷所激发的附加电场 E'，不仅导致导体内部的电场强度为零，而且也改变了导体外部空间各处原来电场的大小和方向，甚至还可能会改变产生原来外加电场 E_0 的带电体上的电荷分布．

根据上面的讨论可知，导体达到静电平衡的条件是：

（1）导体内部任一点的电场强度为零．否则，导体内自由电子的定向运动就会持续下去，那就不会是静电平衡了．

（2）导体表面上任一点的电场强度都与该点表面垂直．因为在静电平衡时，导体表面的电场强度可能不等于零，但它必须和其表面垂直，否则，电场强度将有沿表面的切线分量 E_t，那么，导体表面层内的自由电子将在 E_t 的作用下沿表面运动，从而破坏了静电平衡，所以，只有表面的电场强度 E 垂直于导体表面时，才能达到静电平衡状态．

3. 静电平衡时导体的性质 根据静电平衡时金属导体内部不存在电场，自由电子没有定向运动的特点，不难推断处于静电平衡的金属导体的性质为：<u>整个导体是等势体</u>．

这是因为，静电平衡时导体内任意两点的电势都相等，所以整个导体为一等势体．

4. 静电感应的防止和应用 静电感应常简称为静电．静电是一种常见的现象，它会给人们带来麻烦，甚至造成危害，这需要加以防止；它也可以利用，为人类造福．

（1）静电的防止。如何防止静电感应带来的危害呢？最简单可靠的方法是用导线把设备接地，以便把产生的电荷及时引入大地．我们看到油罐车后拖一条碰到地的铁链，就是这个道理．增大空气湿度也是防止静电的有效方法，空气湿度大时，电荷可随时放出．在做静电实验时，空气的湿度大就不容易做成功的原因就在于此．纺织厂房、雷管、炸药等生产车间对空气湿度要求特别严格，目的之一就是防止因静电引起的爆炸．

（2）静电的利用。那么，给人们带来许多麻烦的静电能不能变害为利，为人类服务呢？当然能，并且它还在各方面大显身手，如静电除尘、静电喷涂、静电纺纱、静电植绒、静电复印等．

1）静电植绒印刷。静电植绒印刷是指将涂有黏合剂的底衬置于静电场中，在静电场的作用下，将经过预处理的绒毛高速直立地植入黏层，从而形成高高凸起的文字或图像的印刷方法．首先用普通印刷的方法在纸张或其他承印材料上印上胶水等黏合剂，组成图案，作为底衬. 在两极板之间施以直流电压形成电场, 当经预处理的绒毛进入电场, 就被电场极化为两端带有不同电荷的"电偶极子". 由于静电场的作用, 使绒毛在电场内沿其长度方向分极飞散. 根据电荷同性相斥、异性相吸的性质, 带与底衬异号电荷的绒毛被底衬吸引, 将垂直地插入涂有黏合剂的底衬上. 最后, 经烘干、清刷和后处理, 使黏合剂固化形成牢固的绒毛图像, 就成为美丽的静电植绒印刷品. 喷墨打印机工作的基本原理与静电植绒是相同的, 都是利用带电粒子在静电场中受力产生偏转, 从而达到控制带电粒子轨迹的目的.

2) 静电复印. 静电复印可以迅速、方便地把图书、资料、文件等复印下来. 静电复印机的中心部件是一个可以旋转的铝质圆柱体, 表面镀一层半导体硒, 称为硒鼓. 半导体硒有特殊的光电性质, 复印每一页材料都要经过充电、曝光、显影、转印等几个步骤, 而这几个步骤是在硒鼓转动一周的过程中一次完成的.

习 题

一、判断题

5.1　物体带电的实质是电子的转移.　　　　　　　　　　　　　　　　　　　　（　　）

5.2　两个完全相同的带电金属球（电荷量不同）接触时, 先发生正、负电荷的中和, 然后再平分.　　　　　　　　　　　　　　　　　　　　　　　　　　　　　　　（　　）

5.3　相互作用的两个点电荷, 电荷量大的, 受到库仑力也大.　　　　　　　　　（　　）

5.4　根据 $F = k \dfrac{q_1 q_2}{r^2}$, 当 $r \to 0$ 时, $F \to \infty$.　　　　　　　　　　　　（　　）

5.5　电场强度反映了电场力的性质, 所以电场中某点的电场强度与试验电荷在该点所受的电场力成正比.　　　　　　　　　　　　　　　　　　　　　　　　　　　　（　　）

5.6　电场中某点的电场强度方向即为正电荷在该点所受的电场力的方向.　　　（　　）

5.7　在真空中, 电场强度的表达式 $E = \dfrac{kQ}{r^2}$ 中的 Q 就是产生电场的点电荷.　（　　）

5.8　电势等于零的物体一定不带电.　　　　　　　　　　　　　　　　　　　　（　　）

5.9　电场强度为零的点, 电势一定为零.　　　　　　　　　　　　　　　　　　（　　）

5.10　同一电场线上的各点, 电势一定相等.　　　　　　　　　　　　　　　　（　　）

5.11　负电荷沿电场线方向移动时, 电势能一定增加.　　　　　　　　　　　　（　　）

5.12　电势的大小由电场的性质决定, 与电势零点的选取无关.　　　　　　　　（　　）

5.13　电势差 U_{AB} 由电场本身的性质决定, 与电势零点的选取无关.　　　　　（　　）

二、填空题

5.1　电荷既不会创生, 也不会消灭, 它只能从一个物体＿＿＿＿＿到另一个物体, 或者从物体的一部分转移到另一部分; 在转移过程中, 电荷的总量＿＿＿＿＿.

5.2　库仑定律的数学表达式为＿＿＿＿＿.

5.3　描述静电场性质的两个物理量＿＿＿＿＿和＿＿＿＿＿.

5.4　电场是一种存在于电荷周围, 能传递电荷间＿＿＿＿＿的一种特殊物质.

5.5　为了形象地描述电场中各点电场强度的强弱及方向, 在电场中画出一些曲线, 曲线上每一点的＿＿＿＿＿＿＿都跟该点的电场强度方向一致, 曲线的疏密表示电场的强弱.

5.6 电场线从_____或无限远处出发, 终止于无限远或_____处.

5.7 静电力做功与路径_____, 只与_____有关.

5.8 电荷在某点的电势能, 等于把它从这点移动到_____位置时静电力做的功.

5.9 电势是_____, 有正负之分, 其正 (负) 表示该点电势比电势零点_____.

5.10 沿着电场线方向, 电势逐渐_____; 逆着电场线方向, 电势逐渐_____.

三、选择题

5.1 由库仑定律可知, 真空中两个静止的点电荷, 带电量分别为 q_1 和 q_2, 其间距离为 r 时, 它们之间相互作用力的大小为 $F = k\dfrac{q_1 q_2}{r^2}$, 其中 k 为静电力常量. 在国际单位制中, k 的单位应为 ( )

A. $kg \cdot A^2 \cdot m^3$ B. $N \cdot m^2/C^2$ C. $kg \cdot m^2/C^2$ D. $N \cdot m^2/A^2$

5.2 两个完全相同的均匀带电小球, 分别带电量 $q_1 = 2\,C$ 正电荷, $q_2 = 4\,C$ 负电荷, 在真空中相距为 r 且静止时, 其相互作用的静电力的大小为 F. 今将 q_1、q_2、r 都加倍, 则其相互作用力为 ( )

A. F B. $2F$ C. $4F$ D. $8F$

5.3 两个带电量分别为 $-q$ 和 $+5q$ 的相同金属小球 (均可视为点电荷), 固定在相距为 r 的两处, 它们间库仑力的大小为 F, 两小球相互接触后将其固定距离变为 $r/2$, 则两球间库仑力的大小为 ( )

A. $\dfrac{5}{16}F$ B. $\dfrac{1}{5}F$ C. $\dfrac{4}{5}F$ D. $\dfrac{16}{5}F$

5.4 下列哪一个单位是电场强度的单位 ( )

A. N   B. C   C. N/C   D. C/N

5.5 关于电场强度的概念, 下列说法正确的是 ( )

A. 由 $E = \dfrac{F}{q}$ 可知, 某电场的电场强度 E 与 q 成反比, 与 F 成正比;

B. 正、负试验电荷在电场中同一点受到的电场力方向相反, 所以某一点电场强度方向与放入试验电荷的正负有关;

C. 电场中某一点的电场强度与放入该点的试验电荷的正负无关;

D. 电场中某一点不放试验电荷时, 该点的电场强度等于零.

5.6 下列哪一个单位是电势的单位 ( )

A. N   B. C   C. V   D. V/m

5.7 下列哪一种情况不属于静电现象 ( )

A. 梳过头发的塑料梳子吸起纸屑;

B. 带电小球移至不带电金属球附近, 两者相互吸引;

C. 小线圈接近通电线圈过程中, 小线圈中产生电流;

D. 从干燥的地毯上走过, 手碰到金属把手时有被电击的感觉.

四、简答题

5.1 静电场遵守哪两个基本定律?

5.2 在国际单位制中,表示电场强度的两个单位分别是什么?

5.3 在国际单位制中,表示电势的单位是什么?用什么符号表示?

5.4 在静电场中,电场强度为零的点,电势是否一定为零?试举例说明.

5.5 在静电场中,电势为零的地方,电场强度是否一定为零?试举例说明.

5.6 静电平衡时的导体具有哪些特性?

五、计算题

5.1 在真空中有两个点电荷,它们所带的电量分别为 2.0×10^{-8} C 和 8.0×10^{-9} C,它们之间相距 2.0×10^{-2} m,则这两个点电荷之间的相互作用力的大小是多少?

5.2 真空中有一个点电荷,它所带的电量为 4.0×10^{-8} C,与它相距为 2.0×10^{-3} m 处的电场强度的大小是多少?

5.3 在静电场中把 4.0×10^{-9} C 的正电荷从 a 点移到无限远处,静电场力做功 3.5×10^{-7} J,则 a 点的电势能是多少?

5.4 在静电场中,电量为 5.0×10^{-9} C 的正电荷在 a 点的电势能为 4.5×10^{-7} J,则 a 点的电势是多少?

5.5 在静电场中,a 点的电势是 220 V,b 点的电势是 110 V,则 a、b 两点之间的电势差是多少?

5.6 两块平行的金属板 A、B 相距 2.0 cm,两板之间可视为匀强电场,其电场强度为 6.0×10^{2} V/m,则两板之间的电势差是多少?

六、论述题

5.1 请联系自己的专业或生活实际,谈谈自己对静电现象的理解、认识及应用(自拟题目,不少于 600 字).

第6章 恒定磁场

人们对磁现象的认识已经有了非常悠久的历史. 在我国春秋战国时期, 就已经知道天然磁石之间相互吸引的磁现象, 并发明了用以指引方向的指南针. 到了现代文明社会, 磁现象更是充满着每一个角落. 如人们随身携带的银行卡, 家庭中烹饪菜肴的电磁炉, 出门乘坐的交通工具——磁悬浮列车, 记录和存储信息的载体——电脑硬盘等, 这些都与物体磁性有关.

物体磁性的来源与电流或运动电荷有着密切关系. 本章着重研究不随时间变化的磁场即恒定磁场, 它是由恒定电流激发产生的. 本章首先讨论恒定电流与电路的有关知识, 接着引入描述磁场的物理量——磁感应强度, 然后分析磁场中运动电荷和载流导体的受力作用.

6.1 恒定电流与电路

6.1.1 恒定电流

1. 恒定电流 通过前面章节的学习已经知道, 在静电平衡的条件下, 导体内部的电场为零, 因此导体内部的电荷并不产生定向运动. 如果采用某种方法, 使导体内部维持一定的电场分布或存在一定的电势差, 则在导体内部就会形成大量电荷的定向运动即形成电流. 由此可知, 形成电流需要具有两个基本条件: 一是导体内部要存在自由电荷; 二是导体中要维持一定的电势差. 导体中的自由电荷被称为载流子. 载流子可以是金属中的自由电子, 电解质中的正、负离子或半导体材料中的空穴等.

按照惯例, 规定正电荷流动的方向为电流的方向. 当导体中只有自由电子运动时, 假定正电荷的方向就是电子实际流动的相反方向. 电流的强弱可以用电流强度(简称电流)这一物理量来描述, 它的定义为单位时间内通过某曲面的电荷量. 即

$$I = \frac{q}{t} \tag{6.1}$$

电流是一个标量, 在国际单位制中, 电流是个基本量, 它的单位是安培, 符号为 A. 电流常用的单位还有毫安 (mA) 和微安 (μA). $1\ A = 10^3\ mA = 10^6\ μA$.

一般来说, 电流 I 是随时间变化的, 如果电流 I 的大小和方向都不随时间变化, 这种电流称为恒定电流.

例题 6.1 有一段匀质导体, 在 0.05 s 内, 通过其横截面的电量为 2.0×10^{-7} C, 则通

过该段导体的电流是多少?

解 由题意知,$t = 0.05$ s,$q = 2.0 \times 10^{-7}$ C,根据电流的定义式(6.1),得

$$I = \frac{q}{t} = \frac{2.0 \times 10^{-7}}{0.05} \text{ A} = 4.0 \times 10^{-6} \text{ A} = 4.0 \text{ } \mu\text{A}$$

2. 欧姆定律 大量实验表明,在等温条件下,通过一段导体的电流 I 与导体两端的电压 U 成正比,这个结论称为欧姆定律,即

$$I = \frac{U}{R} \tag{6.2}$$

式中,R 的数值与导体的材料、几何形状、大小及温度有关. 对于一段特定的导体,R 为常数,在此条件下,I 与 U 成正比.

由式(6.2)可知,当导体两端所加电压一定时,所选导体的 R 值越大,则通过导体的电流 I 越小,所以 R 反映了导体对电流阻碍作用的大小,称为导体的电阻. 在国际单位制中,电阻的单位为欧姆,符号为 Ω.

例题 6.2 有一条镍铬合金的电阻丝,在它的两端加上 0.50 V 的电压时,通过它的电流为 0.10 A,求这条电阻丝的电阻.

解 由题意知,$U = 0.50$ V,$I = 0.10$ A,根据欧姆定律,得

$$R = \frac{U}{I} = \frac{0.50}{0.10} \text{ } \Omega = 5.0 \text{ } \Omega$$

3. 电阻定律 实验表明,导体的电阻 R 与导体的长度 l 成正比,与导体的横截面积 S 成反比,即

$$R = \rho \frac{l}{S} \tag{6.3}$$

式中,常数 ρ 与导体性质和温度有关,称为材料的电阻率,其单位为欧米,符号为 $\Omega \cdot \text{m}$.

电阻率的倒数称为电导率,用 γ 表示,即

$$\gamma = \frac{1}{\rho} \tag{6.4}$$

电导率的单位为西每米,符号为 S/m.

例题 6.3 有一条镍铬合金的电阻丝,横截面积为 0.10 mm^2,长为 0.50 m,它的电阻为 5.0 Ω,求这条电阻丝的电阻率.

解 由题意知,$S = 0.10 \text{ mm}^2 = 0.10 \times 10^{-6} \text{ m}^2$,$l = 0.50$ m,$R = 5.0 \text{ } \Omega$,根据电阻定律,得

$$\rho = R \frac{S}{l} = \left(5.0 \times \frac{0.10 \times 10^{-6}}{0.50}\right) \text{ } \Omega \cdot \text{m} = 1.0 \times 10^{-6} \text{ } \Omega \cdot \text{m}$$

例题 6.4 某一合金的横截面积为 0.2 mm^2,长为 0.5 m,其电阻率为 $4.8 \times 10^{-7} \text{ } \Omega \cdot \text{m}$. 现在它的两端施加 6.0 V 的电压,则通过它的电流是多少?

解 由题意知,$S = 0.2 \text{ mm}^2 = 0.20 \times 10^{-6} \text{ m}^2$,$l = 0.5$ m,$\rho = 4.8 \times 10^{-7} \text{ } \Omega \cdot \text{m}$,$U = 6.0$ V,根据电阻定律和欧姆定律,得

$$R = \rho \frac{l}{S} = \left(4.8 \times 10^{-7} \times \frac{0.5}{0.2 \times 10^{-6}}\right) \text{ } \Omega = 1.2 \text{ } \Omega$$

$$I = \frac{U}{R} = \frac{6.0}{1.2} \text{ A} = 5.0 \text{ A}$$

6.1.2 电阻的串联和并联

电路是电流的通路，它是为实现和完成人们的某种需求，由电源、导线、开关和负载等电气设备组合起来，能使电流流通的整体. 在电路中，电阻器（简称电阻）是使用最多的一种元件. 由于它的接入，使电路发挥着各种各样的作用，电路中的各种元件及负载，也都具有一定的电阻，所以它们的连接与计算，实质上也属于电阻连接的问题，因此电阻的连接方式和等效电阻的计算，是电路计算的一个重要问题.

1. 电阻的串联 把两个或两个以上的电阻依次首尾相连，接入电路，这样的连接方式称为串联，如图6.1所示. 其特点是：<u>电路各处的电流相等，电路两端的总电压等于各部分电路电压之和</u>.

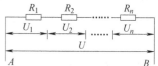

图 6.1　电阻的串联

设 A、B 间的电压为 U，电阻两端的电压分别为 U_1、U_2、$\cdots$、U_n，则

$$U = U_1 + U_2 + \cdots + U_n$$

由欧姆定律可得

$$R = \frac{U}{I} = \frac{U_1 + U_2 + \cdots + U_n}{I} = R_1 + R_2 + \cdots + R_n$$

即

$$R = R_1 + R_2 + \cdots + R_n \tag{6.5}$$

<u>即串联电路的总电阻等于各部分电路电阻之和</u>.

例题 6.5 有两个电阻分别为 2.0 Ω 和 8.0 Ω，把它们串联起来的总电阻是多少？

解 由题意知，$R_1 = 2.0$ Ω，$R_2 = 8.0$ Ω，根据串联电路总电阻的计算公式（6.5），得

$$R = R_1 + R_2 = (2.0 + 8.0) \text{ Ω} = 10.0 \text{ Ω}$$

2. 电阻的并联 把两个或两个以上的电阻的一端连在一起，另一端也连在一起，然后把这两端接入电路，这样的连接方式称为并联，如图6.2所示. 其特点是：<u>并联电路的总电流等于各支路电流之和，并联电路的总电压与各支路电压相等</u>.

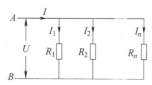

图 6.2　电阻的并联

总的电流为

$$I = I_1 + I_2 + \cdots + I_n$$

由欧姆定律可得，总电阻为

$$R = \frac{U}{I} = \frac{U}{I_1 + I_2 + \cdots + I_n} = \frac{1}{\dfrac{1}{R_1} + \dfrac{1}{R_2} + \cdots + \dfrac{1}{R_n}}$$

即

$$\frac{1}{R} = \frac{1}{R_1} + \frac{1}{R_2} + \cdots + \frac{1}{R_n} \tag{6.6}$$

<u>即并联电路总电阻的倒数等于各支路电阻的倒数之和</u>.

例题 6.6 有两个电阻分别为 2.0 Ω 和 8.0 Ω，把它们并联起来的总电阻是多少？

解 由题意知，$R_1 = 2.0\ \Omega$，$R_2 = 8.0\ \Omega$，根据并联电路总电阻的计算公式（6.6），得

$$R = \frac{R_1 R_2}{R_1 + R_2} = \frac{2.0 \times 8.0}{2.0 + 8.0}\ \Omega = 1.6\ \Omega$$

3. 电表的改装 常用的电压表和电流表都是由小量程的电流表 G（表头）改装成的. 从电路的角度看，表头就是一个电阻，同样遵从欧姆定律. 表头与其他电阻的不同仅在于通过表头的电流是可以从刻度盘上读出来的.

电流表 G 的电阻 R_g 称为电流表的<u>内阻</u>，指针偏转到最大刻度时的电流 I_g 称为<u>满偏电流</u>. 电流表 G 通过满偏电流时，加在它两端的电压 U_g 称为<u>满偏电压</u>，由欧姆定律知

$$U_g = I_g R_g$$

表头的满偏电压和满偏电流一般都比较小，测量较大的电压时要串联一个电阻把它改装成电压表；测量较大的电流时则要并联一个电阻，把小量程的电流表改装成大量程的电流表.

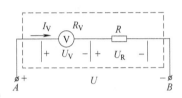

图 6.3 例题 6.7 用图

例题 6.7 一个量程为 3.0 V、内阻为 3.0 kΩ 的电压表，要把它的量程扩大到 15 V，如图 6.3 所示应该串联一个多大的电阻？

解 要扩大电压表的量程，应当串联一个阻值较大的电阻进行分压. 由题意知，$U_V = 3.0\ V$，$R_V = 3.0\ k\Omega = 3.0 \times 10^3\ \Omega$，$U = 15\ V$，而 $I = I_V = I_R$，$U = U_V + U_R$，$I = U/R$，于是得

分压电阻承担的电压为

$$U_R = U - U_V = (15 - 3)\ V = 12\ V$$

电压表的满偏电流为

$$I_V = \frac{U_V}{R_V} = \frac{3.0}{3.0 \times 10^3}\ A = 1.0 \times 10^{-3}\ A$$

所以，分压电阻的阻值为

$$R = \frac{U_R}{I_R} = \frac{U_R}{I_V} = \frac{12}{1.0 \times 10^{-3}}\ \Omega = 12 \times 10^3\ \Omega = 12\ k\Omega$$

例题 6.8 将内阻为 90 Ω、满偏电流为 100 mA 的电流表改装成量程为 1.0 A 的电流表，如图 6.4 所示，需要并联多大的分流电阻？

解 要扩大电流表的量程，应当并联一个阻值较小的电阻进行分流. 由题意知，$R_A = 90\ \Omega$，$I_A = 100\ mA = 0.1\ A$，$I = 1\ A$，而 $U = U_A = U_R$，$I = I_A + I_R$，$I = U/R$，于是得

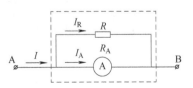

图 6.4 例题 6.8 用图

分流电阻两端的电压为

$$U_R = U_A = I_A R_A = (0.10 \times 90)\ V = 9.0\ V$$

分流电阻需要分担的电流为

$$I_R = I - I_A = (1.0 - 0.1)\ A = 0.9\ A$$

所以，分流电阻的阻值为

$$R = \frac{U_R}{I_R} = \frac{9.0}{0.9}\,\Omega = 10.0\,\Omega$$

例题 6.9 有一个电流表 G，内阻 $R_g = 30\,\Omega$，满偏电流 $I_g = 1$ mA. 要把它改装为量程 $0 \sim 3$ V 的电压表，要串联多大的电阻？改装后电压表的内阻是多大？

解 电压表 V 由表头 G 和电阻 R 串联组成，如图 6.5 的虚线框所示. 电压表的量程是 $0 \sim 3$ V，是指电压表 V 两端的电压为 3 V 时，表头的指针指在最大刻度，即通过电流表 G 的电流等于满偏电流 I_g.

此时，表头 G 两端得到的是满偏电压

$$U_g = I_g R_g = 0.03\ \text{V}$$

电阻 R 两端分担的电压为

$$U_R = U - U_g = 2.97\ \text{V}$$

由欧姆定律可以求出分压电阻

$$R = \frac{U_R}{I_g} = \frac{2.97}{1 \times 10^{-3}}\ \Omega = 2.97 \times 10^3\ \Omega$$

电压表 V 的内阻等于 R_g 和 R 串联时的总电阻，即

$$R_V = R_g + R = 3.00 \times 10^3\ \Omega$$

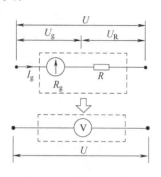

图 6.5　例题 6.9 用图

6.2　磁场

从静电场的研究可以知道，在静止电荷周围的空间存在着电场，静止电荷之间的相互作用是通过电场传递的. 与此类似，运动电荷、电流和磁体之间的相互作用是通过周围特殊形态的物质——磁场传递的. 就其根本而言，运动电荷在其周围激发磁场，通过磁场对另一运动电荷进行作用.

6.2.1　磁感应强度

1. 磁场 在初中已经学过，磁体总有两个磁极：北（N）极和南（S）极. 磁极之间会产生相互作用：同极相斥，异极相吸，如图 6.6 所示.

我们把存在于磁体周围的特殊物质，称为磁场. 磁极之间的相互作用就是通过磁场传递的.

2. 磁感应线 把一些可以自由转动的小磁针放在条形磁铁的周围，在磁场力的作用下，小磁针将发生偏转，静止时，小磁针的指向如图 6.7 所示.

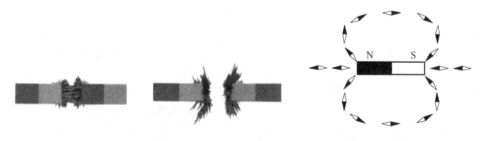

图 6.6　磁场　　　　　　　　　　**图 6.7　磁感应线**

物理学规定，在磁场中的任何一点，可以自由转动的小磁针静止时北极所指的方向，就是该点的磁场方向.

为了形象直观地描写磁体周围的磁场，法拉第提出了与电场线类似的方法，用磁感应线来描写各点的磁场方向.

把一块玻璃板（或白纸板）水平地放在磁铁上，在板面上均匀地撒一些细铁屑，然后轻敲玻璃板，细铁屑会发生转动. 最后静止时，细铁屑排列成规则的曲线形状.

于是，我们在磁场中画出一系列带箭头的曲线，使这些曲线上每一点处跟箭头指向一致的切线方向，都和该点的磁场方向相同，这些曲线就称为磁感应线，如图 6.8 所示.

条形磁铁和蹄形磁铁的磁感应线如图 6.9 所示.

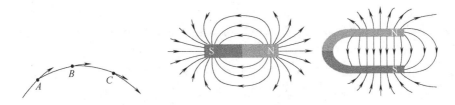

图 6.8　磁感应线的方向　　　　图 6.9　条形磁铁和蹄形磁铁的磁感应线

人类虽然很早以前就认识了电现象和磁现象，但在很长一段时间里，人们却把它们看成两种彼此独立的自然现象. 直到奥斯特发现了电流的磁效应之后，人们才认识到电和磁之间的内在联系.

法国科学家安培通过实验发现，直线电流的磁感应线是一些在与导线垂直的平面上且以导线上的各点为圆心的同心圆. 磁感应线的方向跟电流方向的关系可以这样来判定：用右手握住导线，使大拇指沿着电流的方向伸直，四指弯曲，那么四指所指的方向就是磁感应线的绕行方向. 这就是安培定则，也称右手螺旋法则，如图 6.10 所示.

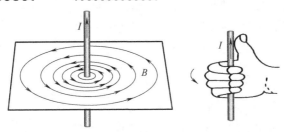

图 6.10　直线电流的磁感应线

环形电流的磁感应线是一些围绕环形导线的闭合曲线，在环形导线的中心轴线上，磁感应线和环形导线的平面垂直. 环形电流的磁感应线方向跟电流方向之间的关系，也可以用安培定则判定：使右手弯曲的四指和环形电流的方向一致，那么伸直的大拇指所指的方向就是环形导线中心轴线上磁感应线的方向，如图 6.11 所示.

实验发现，通电螺线管周围的磁场与条形磁铁周围的磁场相似，通电螺线管的两端相当于条形磁铁的两极，其方向也可以用安培定则判定：让右手弯曲的四指沿电流方向，那么伸直的大拇指所指的一端就是通电螺线管的北极. 通电螺线管外的磁感应线是由北极指向南极，在管内则是由南极指向北极，形成闭合曲线，如图 6.12 所示.

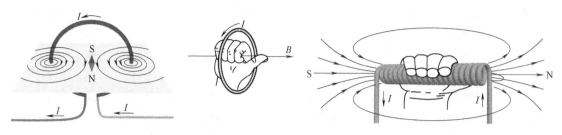

图 6.11　环形电流的磁感应线　　　　图 6.12　通电螺线管的磁感应线

磁感应线有这样的特点：磁铁外部的磁感应线都是从北极发出，进入到南极，在空间不相交.

3. 磁感应强度　在描述电场时，是用电场对试验电荷的电场力来表征电场的特性，并引入电场强度 E 来对电场各点做定量的描述. 而磁场对外的重要表现是：对进入场中的运动试验电荷、载流导体或永久磁体有磁力的作用，因此也可用磁场对运动试验电荷（或载流导体和永久磁体）的作用来描述磁场，并由此引入磁感应强度 B 作为定量描述磁场中各点特性的基本物理量.

实验发现：（1）当运动试验电荷以同一速率 v 沿不同方向通过磁场中某点 P 时，电荷所受磁力的大小是不同的，但磁力的方向却总是与电荷运动方向 v 垂直；（2）在磁场中的某点处存在着一个特定方向，当电荷沿该特定方向（或其反方面）运动时，磁力为零. 显然，这个特定方向与运动试验电荷无关，它反映出磁场本身的性质. 定义：P 点处磁场的方向是沿着运动试验电荷通过该点时不受磁力的方向（至于磁场的指向是沿两个彼此相反的哪一方，将在下面另行规定）. 实验还发现，如果电荷在 P 点沿着与磁场方向垂直的方向运动时，所受到的磁力最大，而且这个最大磁力 F_m 正比于运动试验电荷的电量 q，也正比于电荷运动的速率 v，但比值 $F_m/(qv)$ 却在该点 P 具有确定的量值而与运动试验电荷 qv 值的大小无关. 这样，从运动试验电荷所受磁力的特征，可引入描述磁场中给定点性质的基本物理量——磁感应强度，该点磁感应强度的大小可定义为

$$B = \frac{F_m}{qv} \tag{6.7}$$

该点磁场方向就是磁感应强度的方向. 在国际单位制中，磁感应强度 B 的单位为特斯拉，符号为 T，$1\ \mathrm{T} = 1\ \mathrm{N \cdot s/(C \cdot m)} = 1\ \mathrm{N/(A \cdot m)}$.

地球表面的磁场在赤道处约为 3×10^{-3} T，在两极处约为 6×10^{-3} T. 太阳表面的磁场约为 10^{-2} T，超导磁体激发的磁场可达 $5 \sim 40$ T，而中子星表面的磁场约为 10^8 T. 人体内的生物电流也可激发出微弱的磁场，例如心电激发的磁场约为 3×10^{-10} T，测量身体内的磁场分布已成为医学中的一种高级诊断技术.

4. 匀强磁场　同电场线类似，我们从磁感应线的疏密也可以看出磁感强度的相对大小. 磁感应强度大的地方，磁感应线密集；磁感应强度小的地方，磁感应线稀疏. 如果在磁场的某一区域内，各点的磁感应强度的大小和方向都相同，那么，这个区域内的磁场称为匀强磁场. 显然，匀强磁场的磁感应线是一些疏密均匀、互相平行的直线，如图 6.13 所示.

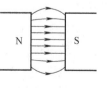

图 6.13　匀强磁场

匀强磁场是一种理想化的物理模型，在现实生活中是不存在的，但距离很近的两个异名磁极之间的磁场，除边缘部分外，可以认为是匀强磁场. 匀强磁场在生产与科研中有着广泛及重要的应用.

5. 磁通量　在电磁学中，经常要讨论某一区域内的磁场和它的变化情况，为此我们引入一个新的物理量——磁通量. 设在磁感应强度为 B 的匀强磁场中，有一个与磁场方向垂直的平面，面积为 S，我们把 B 与 S 的乘积称为穿过该面积的磁通量，如图 6.14 所示，用符号 Φ_{m} 表示. 即

$$\Phi_{\mathrm{m}} = BS \tag{6.8}$$

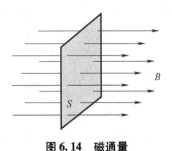

图 6.14　磁通量

磁通量是标量，在国际单位制中，磁通量的单位是韦伯，用符号 Wb 表示.

当一个平面与磁场的方向垂直时，通过它的磁通量最大；当该平面与磁场方向平行时，穿过它的磁通量最小，为零.

例题 6.10　一个电磁铁的铁心横截面积为 $5\ \mathrm{cm}^2$，垂直穿过横截面的磁感应强度为 0.8 T，求穿过铁心横截面的磁通量是多少？

解　由题意知，$B = 0.8\ \mathrm{T}$，$S = 5.0\ \mathrm{cm}^2 = 5.0 \times 10^{-4}\ \mathrm{m}^2$，根据磁通量的计算公式 (6.8)，得

$$\Phi_{\mathrm{m}} = BS = (0.8 \times 5.0 \times 10^{-4})\ \mathrm{Wb} = 4.0 \times 10^{-4}\ \mathrm{Wb}$$

例题 6.11　已知某匀强磁场的磁感应强度为 0.6 T，在该磁场中有一个面积为 $0.02\ \mathrm{m}^2$ 的矩形线圈. 求当线圈平面与磁感应线垂直和平行时穿过线圈的磁通量各是多少？

解　由题意知，$B = 0.6\ \mathrm{T}$，$S = 0.02\ \mathrm{m}^2$，根据磁通量的计算公式 (6.8)，得：

当线圈平面与磁感应线垂直时穿过线圈的磁通量为

$$\Phi_{\mathrm{m}} = BS = (0.6 \times 0.02)\ \mathrm{Wb} = 1.2 \times 10^{-2}\ \mathrm{Wb}$$

当线圈平面与磁感应线平行时，穿过线圈平面的磁通量为零.

6.2.2　洛伦兹力

在上节介绍磁感应强度的定义时，已经给出了带电粒子沿特殊磁场方向运动时它的受力情况：带电粒子运动方向平行（或反平行）于磁场方向时，它受到的磁场力为零；当带电粒子运动方向垂直于磁场方向时，它受到的磁场力最强，其值为

$$F_{\mathrm{m}} = qvB$$

且 F_{m} 与粒子运动速度 v 和磁感应强度 B 相互垂直.

一般情况下，当带电粒子的运动方向与磁场方向夹角为 θ，则所受磁场力 F 的大小为

$$F = qvB\sin\theta \tag{6.9}$$

而 F 的方向垂直于 v 和 B 决定的平面，并与 qv 和 B 的方向成右手螺旋关系，即右手四指由 qv 的方向（$q > 0$ 时即 v 的方向；$q < 0$ 时为 v 的反方向）经小于 π 的角度转向 B 的方向时大拇指所指的方向，如图 6.15 所示.

式 (6.9) 就是磁场对运动电荷的作用力，称为洛伦兹力. 洛伦兹力总是和电荷速度方向垂直，因此磁力只改变电荷的运动方向，而不改变其速度的大小和动能. 洛伦兹力对电荷所做的功恒等于零，这是洛伦兹力的一个重要特征. 下面分三种情况讨论带电粒子在均匀磁场中的运动：

（1）带电粒子 q 以速率 v_0 沿磁场 B 方向进入均匀磁场　由式（6.9）可知，粒子不受磁场力的作用，它将沿着磁场 B 方向做匀速直线运动.

（2）带电粒子 q 以速率 v_0 沿垂直于磁场 B 方向进入均匀磁场　由式（6.9）可知，粒子受到洛伦兹力的作用，大小为 $F = qv_0B$. 因为洛伦兹力始

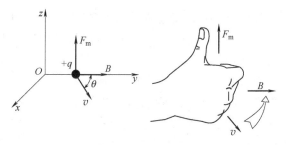

图 6.15　洛伦兹力

终与速度方向垂直，所以带电粒子的速度大小不变，只改变方向. 带电粒子将做半径为 R 的匀速圆周运动，洛伦兹力提供向心力，因此有

$$qv_0B = m\frac{v_0^2}{R}$$

由此得带电粒子的轨道半径为

$$R = \frac{mv_0}{qB} \tag{6.10}$$

由式（6.10）可知，对于一定的带电粒子（即 q/m 一定），其轨道半径与带电粒子的运动速度成正比，而与磁感应强度成反比；速度越小，洛伦兹力和轨道半径也越小.

带电粒子运动一周所需的时间（即周期）为

$$T = \frac{2\pi R}{v_0} = 2\pi\frac{m}{qB} \tag{6.11}$$

单位时间内带电粒子的绕行圈数称为回旋频率，它是周期的倒数.

（3）带电粒子 q 以速度 v_0 与磁场 B 成 θ 夹角进入均匀磁场　将速度 v_0 分解成平行于磁场 B 的分量 $v_{//}$ 和垂直于磁场 B 的分量 $v_\perp$，有

$$v_{//} = v_0\cos\theta, \quad v_\perp = v_0\sin\theta$$

带电粒子同时参与两种运动，一种是平行于磁场的匀速直线运动，速度为 $v_{//}$；另一种是在垂直于磁场方向以速率为 $v_\perp$ 做匀速圆周运动，轨道半径 R 为

$$R = \frac{mv_\perp}{qB} = \frac{mv\sin\theta}{qB}$$

周期 T 为

$$T = \frac{2\pi R}{v_\perp} = 2\pi\frac{m}{qB}$$

一个周期内，带电粒子沿着磁场方向前进的距离，即螺距 h 为

$$h = Tv_{//} = \frac{2\pi mv_0\cos\theta}{qB} \tag{6.12}$$

综上所述，带电粒子的合运动是以磁场方向为轴的等螺距的螺旋运动. 如图 6.16 所示，一束发散角不大的带电粒子束，当它们在磁场 B 的方向上具有大致相同的速度分量时，它们有相同的螺距 h. 经过一个周期它们将重新会聚在另一点，这种发散粒子束会聚到一点的现象与透镜将光束聚焦的现象十分相似，因此称为磁聚焦. 带电粒子在磁场中做螺旋线运动的轨道半径 R 与磁感应强度成反比，磁场越强，轨道半径 R 越小. 在很强的磁场中，每个带电粒子的活动便被约束在一根磁场线附近的很小范围内做螺旋线运动，运动的中心只能沿

磁场线做纵向移动，一般不能横越它. 因此强磁场可以使带电粒子的横向运动受到很大的限制，这种能约束带电粒子运动的磁作用效应称为磁约束.

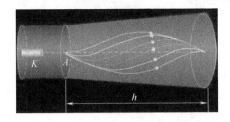

图 6.16　磁聚焦

图 6.17　托卡马克

托卡马克俗称"人造小太阳"，是一种利用磁约束来实现受控核聚变的环性容器，如图 6.17 所示. 它的名字 Tokamak 来源于环形、真空室、磁、线圈，最初是由位于苏联莫斯科的库尔恰托夫研究所的阿齐莫维齐等人在 20 世纪 50 年代发明的. 托卡马克的中央是一个环形的真空室，外面缠绕着线圈. 在通电的时候托卡马克的内部会产生巨大的螺旋形磁场，将其中的等离子体加热到很高的温度，以达到核聚变的目的. 在煤炭、石油一次性能源日渐枯竭且难以抑制环境污染的时候，清洁、安全而且原料取之不尽的可控热核聚变，成为人类替代能源的希望所在. 中科院等离子体所（合肥）在该方面的研究目前处于世界先进水平.

加速器是提供高能粒子的主要实验装置，加速器输出粒子的能量称为加速器的能量，劳伦斯率先于 1930 年提出了回旋加速器方案. 回旋加速器的基本思想是用磁场把带电粒子的运动限制在某一空间范围，再用较小的电场使之多次加速. 如图 6.18 所示，将两个空心的半圆形铜盒 D_1、D_2 留有间隙地放在电磁铁的两个磁极之间，盒内空间便充满与盒面垂直的均匀恒定磁场. 将两盒分别连接电源两极，间隙处便有电场. 由于屏蔽作用，两盒内部电场均为零. 带电粒子以某一初速垂直进入第一个半圆形铜盒后，在磁场力作用下做匀速圆周运动，转过半圈后进入间隙，受到间隙处的电场加速然后进入第二个半圆形铜盒. 由式 (6.10) 可知带电粒子以较大半径做匀速圆周运动. 转过半圈后再次进入间隙. 如果此时电场反向，则带电粒子会再次受到电场加速后返回第一个半圆形铜盒. 如此反复，则带电粒子多次受到电场的加速，能量越来越高，直至从铜盒边缘引出. 由式 (6.11) 还可知，在不考虑相对论效应的情况下，带电粒子在铜盒中做半个圆周运动所需要的时间只与带电粒子的电荷 q、质量 m 以及磁感应强度 B 有关，与带电粒子的速度或能量没有关系.

将载流导体板（或半导体板）置于与其垂直的磁场 B 中，板内会出现与电流方向垂直的电场，相应地板的两侧之间会出现一个横向电压（见图 6.19）$U_{aa'}$，这个效应称为霍尔效应. 下面从经典电子论的角度对霍尔效应做一解释. 设导体板中载流子的带电量为 q，定向运动速度为 v（与电流密度方向平行），则载流子在垂直于纸面向外的磁场中受到的洛伦兹力如图 6.19 所示，不论 q 带正电还是负电，F 总是向下. 设 $q<0$，则 a 和 a' 侧将分别积累正电荷和负电荷，它们激发向下的横向电场 E_H（霍尔电场），其对载流子的电场力最终达到

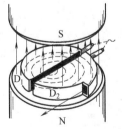

图 6.18　回旋加速器

与 F 相抵消，此时 $qE_H=qvB$，即 $E_H=vB$，与 E_H 对应的横向电压（霍尔电压）为

$$U_{aa'} = vBl \tag{6.13}$$

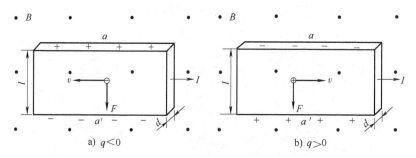

图 6.19 霍尔效应

式中, l 是导体板的横向长度. 设导体板的厚度为 d, 单位体积内的载流子数为 n, 则单位时间内流过导体板横截面 ld 的电荷为 $nqvld$, 即 $I = nqvld$, 代入式（6.13）得

$$U_{aa'} = \frac{1}{nq} \frac{IB}{d}$$

定义霍尔系数

$$K = \frac{1}{nq} \qquad (6.14)$$

则

$$U_{aa'} = K \frac{IB}{d} \qquad (6.15)$$

利用霍尔效应制成的霍尔元件有多方面的用途, 例如可以测量磁场, 测量直、交流电路的电流和功率以及转换信号等. 在电流体中的霍尔效应也是目前研究"磁流体发电"的理论基础. 近年来, 霍尔效应实验不断有新发现. 1980 年原西德物理学家冯·克利青研究二维电子气系统的输运特性, 在低温和强磁场下发现了量子霍尔效应. 1982 年美籍华人崔琦与美国的施特默和劳克林等又发现了分数量子霍尔效应. 2013 年清华大学薛其坤院士领衔的团队, 首次在实验上发现了量子反常霍尔效应, 这一发现或将对信息技术进步产生重大影响.

例题 6.12 在一脉冲星（中子星）的表面, 磁感应强度为 10^8 T, 考虑一个在中子星表面的氢原子中的电子, 电子距质子中心的距离为 0.53×10^{-10} m, 假设电子以速率 2.2×10^6 m/s 绕原子核做匀速率圆周运动, 求电子所受中子星磁场的最大作用力, 并与质子对电子的静电作用力进行比较.

解 由题意知, $B = 10^8$ T, $r = 0.53 \times 10^{-10}$ m, $v = 2.2 \times 10^6$ m/s, $e = 1.6 \times 10^{-19}$ C, 根据洛伦兹力计算公式和库仑定律, 得

$$F_m = evB = (1.6 \times 10^{-19} \times 2.2 \times 10^6 \times 10^8) \text{ N} = 3.52 \times 10^{-5} \text{ N}$$

$$F_e = k \frac{e^2}{r^2} = \left[9.0 \times 10^9 \times \frac{(1.6 \times 10^{-19})^2}{(0.53 \times 10^{-10})^2} \right] \text{ N} = 8.20 \times 10^{-8} \text{ N}$$

$$\frac{F_m}{F_e} = \frac{3.52 \times 10^{-5}}{8.20 \times 10^{-8}} = 429.2$$

例题 6.13 北京正负电子对撞机中, 电子在周长为 240 m 的储存环中做轨道运动. 已知电子的动量是 1.49×10^{-18} kg·m/s, 求偏转磁场的磁感应强度.

解 由题意知, $l = 2\pi R = 240$ m, $p = 1.49 \times 10^{-18}$ kg·m/s, $e = 1.6 \times 10^{-19}$ C, 因为

$$R = \frac{mv_0}{qB} R = \frac{mv}{eB} = \frac{p}{eB} = \frac{l}{2\pi}$$

所以，有

$$B = \frac{2\pi p}{eR} = \frac{2 \times 3.14 \times 1.49 \times 10^{-8}}{1.6 \times 10^{-19} \times 240} \text{ T} \approx 0.244 \text{ T}$$

6.2.3　安培力

安培最早发现两条静止载流导线之间存在相互作用力，并把每一导线所受的力解释为另一导线对它的磁力．人们把磁场对载流导体的磁力作用称为安培力．对均匀磁场中的一条通有电流 I、长为 L 的直导线，电流方向与磁场 B 方向的夹角为 θ，导线受到的安培力为

$$F = ILB\sin\theta \tag{6.16}$$

当 $\theta = 0°$ 或 $180°$ 时，$F = 0$；当 $\theta = 90°$ 时，$F = F_{max} = ILB$．

后来人们认识到导线中的电流是带电粒子的定向运动，而运动的带电粒子在磁场中要受洛伦兹力，这两者的结合给出了载流导线在磁场中所受磁力（安培力）的本质：在洛伦兹力的作用下，导体内做定向运动的电子和导体中晶格处的正离子不断碰撞，从而将动量传给了导体，进而使整个载流导体在磁场中受到磁力的作用，这就是安培力．由此可见，安培力是洛伦兹力的一种宏观表现，因此可以从洛伦兹力公式出发得到静止载流导线的安培力公式，此处不再做相关介绍，读者不妨自行推导之．

例题 6.14　在磁感应强度为 0.5 T 的磁场中，有一根长为 10 cm 的直导线与磁场的方向垂直．如果导线中通过的电流是 2.0 A，导线受到的安培力是多大？

解　由题意知，$B = 0.5$ T，$L = 10$ cm $= 0.1$ m，$I = 2.0$ A，$\theta = 90°$，根据安培力的计算公式（6.16），得

$$F = IBL\sin\theta = (2.0 \times 0.5 \times 0.1 \times \sin 90°) \text{ N} = 0.1 \text{ N}$$

例题 6.15　在磁感应强度为 0.2 T 的磁场中，放置一根长为 2.0 m 的直载流导线，已知载流导线中的电流为 5.0 A，导线与磁场的夹角为 30°，则该载流导线所受磁场力的大小是多少？

解　由题意知，$B = 0.2$ T，$L = 2.0$ m，$I = 5.0$ A，$\theta = 30°$，根据安培力的计算公式（6.16），得

$$F = IBL\sin\theta = (5.0 \times 0.2 \times 2.0 \times \sin 30°) \text{ N} = 1.0 \text{ N}$$

习 · 题

一、判断题

6.1　因为规定正电荷定向移动的方向为电流的方向，所以，电流是矢量．　　（　　）

6.2　由 $\rho = \dfrac{RS}{l}$ 知，导体的电阻率与导体的电阻和横截面积的乘积成正比，与导体的长度成反比．　　（　　）

6.3　磁场中某点磁感应强度的大小，跟放在该点的试验电荷的情况无关．　　（　　）

6.4　磁感应线是真实存在的．　　（　　）

6.5　在同一幅图中，磁感应线越密，磁场越强．　　（　　）

6.6 将通电导线放入磁场中，若不受安培力，说明该处磁感应强度为零. （ ）

6.7 安培力可能做正功，也可能做负功. （ ）

6.8 带电粒子在磁场中一定会受到磁场力的作用. （ ）

6.9 洛伦兹力的方向在特殊情况下可能与带电粒子的速度方向不垂直. （ ）

6.10 带电粒子在匀强磁场中运动时的周期公式为 $T = \dfrac{2\pi r}{v}$. （ ）

二、填空题

6.1 形成电流的条件是：导体中有能够_____的电荷；导体两端存在_____.

6.2 在国际单位制（SI）中，电流的单位是_____，符号为_____.

6.3 某种材料的导体，其电阻与它的_____成正比，与它的_____成反比.

6.4 _____是反映磁场性质的物理量，由磁场本身决定.

6.5 在磁场中画出一些曲线，使曲线上每一点的_____方向都跟这点的磁感应强度的方向一致.

6.6 磁场的强弱程度可以用磁感应线的疏密表示出来，磁感应线密的地方磁场_____.

6.7 运动电荷在磁场中受到的力称为_____.

6.8 带电粒子在匀强磁场中运动时，若 $v_0 \parallel B$，则带电粒子不受洛伦兹力，在匀强磁场中将做_____运动；若 $v_0 \perp B$，则带电粒子仅受洛伦兹力作用，在垂直于磁感应线的平面内以入射速度 v_0 做_____运动.

6.9 在磁场中，当通电直导线垂直于磁场方向时，它所受的安培力的大小等于磁感应强度（B）、_____和导线长度（l）三者的乘积，这个规律就是安培定律.

三、选择题

6.1 下列关于磁感应线的说法中，正确的是 （ ）

A. 磁感应线是由小铁屑形成的；

B. 磁场中有许多曲线，这些曲线称为磁感应线；

C. 小磁针在磁感应线上才受力，在两条磁感应线之间不受力；

D. 磁感应线是人们为了形象地描述磁场的分布而假象出来的，实际并不存在.

6.2 （多选）对欧姆定律公式 $I = \dfrac{U}{R}$ 的理解，下面说法正确的是 （ ）

A. 对某一段导体来说，导体中的电流跟它两端的电压成正比；

B. 在电压相同的条件下，不同导体中的电流跟电阻成反比；

C. 导体中的电流既与导体两端的电压有关，也与导体的电阻有关；

D. 因为电阻是导体本身的属性，所以导体中的电流只与导体两端电压有关，与导体的电阻无关.

6.3 下列说法中正确的是 （ ）

A. 由 $R = \dfrac{U}{I}$ 可知，电阻与电压、电流都有关系；

B. 由 $R = \rho \dfrac{l}{S}$ 可知，电阻只与导体的长度和横截面积有关系；

C. 各种材料的电阻率都与温度有关，金属的电阻率随温度的升高而减小；

D. 所谓超导现象, 就是当温度降低到接近绝对零度的某个临界温度时, 导体的电阻率突然变为零的现象.

6.4　有一段长为 1 m 的电阻丝, 电阻是 10 Ω, 现把它均匀拉伸到长为 5 m, 则电阻变为 （　　）

A. 10 Ω　　　　　　B. 50 Ω　　　　　　C. 150 Ω　　　　　　D. 250 Ω

6.5　三个阻值相同的电阻, 它们的额定电压均为 8 V, 现将两个电阻并联后再与第三个电阻串联, 这个电路允许的总电压的最大值为 （　　）

A. 8 V　　　　　　B. 10 V　　　　　　C. 12 V　　　　　　D. 16 V

6.6　（多选）指南针是我国古代四大发明之一. 关于指南针, 下列说法正确的是 （　　）

A. 指南针可以仅具有一个磁极;

B. 指南针能够指向南北, 说明地球具有磁场;

C. 指南针的指向会受到附近铁块的干扰;

D. 在指针正上方附近沿指针方向放置一直导线, 导线通电时指南针不偏转.

6.7　磁场中某区域的磁感应线如图 6.20 所示, 则 （　　）

A. a、b 两处的磁感应强度的大小不等, $B_a > B_b$;

B. a、b 两处的磁感应强度的大小不等, $B_a < B_b$;

C. 同一通电导线放在 a 处受力一定比放在 b 处受力大;

D. 同一通电导线放在 a 处受力一定比放在 b 处受力小.

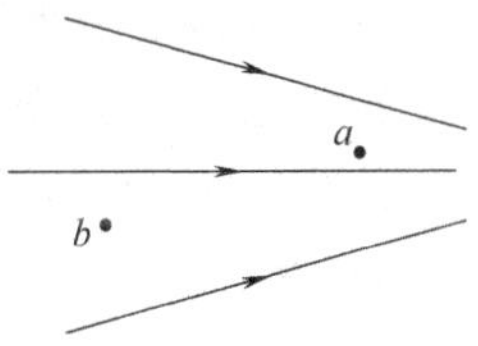

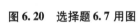

图 6.20　选择题 6.7 用图

6.8　下列关于洛伦兹力的说法中, 正确的是 （　　）

A. 只要速度大小相同, 所受洛伦兹力就相同;

B. 如果把 $+q$ 改为 $-q$, 且速度反向, 大小不变, 则洛伦兹力的大小、方向均不变;

C. 洛伦兹力方向一定与电荷速度方向垂直, 磁场方向一定与电荷运动方向垂直;

D. 粒子在只受到洛伦兹力作用下运动的动能、速度均不变.

6.9　关于通电直导线在匀强磁场中所受的安培力, 下列说法中正确的是 （　　）

A. 安培力的方向可以不垂直于直导线;

B. 安培力的方向总是垂直于磁场的方向;

C. 安培力的大小与通电直导线和磁场方向的夹角无关;

D. 将直导线从中点折成直角, 安培力的大小一定变为原来的一半.

四、简答题

6.1　在国际单位制 （SI） 中, 磁感应强度的单位是什么? 用什么符号表示?

6.2　在国际单位制中, 磁通量的单位是什么? 用什么符号表示?

6.3　一电子以速度 v 射入磁感应强度为 B 的均匀磁场中, 电子沿什么方向射入受到的磁场力最大? 沿什么方向射入不受磁场力的作用?

6.4　若带电粒子进入匀强磁场的速度与磁场方向既不平行又不垂直, 则粒子的运动情况如何?

6.5　什么是霍尔效应?

6.6　如图 6.21 所示, 长方形线框 $abcd$ 通有电流 I, 放在直线电流 I' 附近, 线框四个边受到安培力的作用吗? 合力方向如何?

图 6.21　简答题 6.6 用图

五、计算题

6.1 有一段匀质导体,在 0.02 s 内,通过其横截面的电荷量为 4.0×10^{-7} C,则通过该段导体的电流是多少?

6.2 有一条镍铬合金的电阻丝,其电阻为 6.0 Ω,当加在它两端的电压为 12 V 时,则通过它的电流为多少?

6.3 某一合金的横截面积为 0.3 mm²,长为 0.6 m,其电阻率为 4.8×10^{-7} Ω·m. 现在欲使通过它的电流为 6.25 A,则它的两端需要施加的电压是多少?

6.4 在如图 6.22 所示的电路中,电阻 $R_1 = 12$ Ω,$R_2 = 8$ Ω,$R_3 = 4$ Ω. 当开关 S 断开时,电流表示数为 0.25 A;当 S 闭合时,电流表示数为 0.36 A. 试求开关 S 断开和闭合时的路端电压 U 及 U'.

6.5 已知某匀强磁场的磁感应强度为 0.8 T,在该磁场中有一个面积为 0.05 m² 的矩形线圈. 求当线圈平面与磁感应线垂直和平行时穿过线圈的磁通量各是多少?

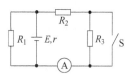

图 6.22 计算题 6.4 用图

6.6 在磁感应强度为 0.5 T 的磁场中,放置一根长为 3.0 m 的直载流导线,已知载流导线中的电流为 2.0 A,导线与磁场的夹角为 30°,则该载流导线所受磁场力的大小是多少?

六、论述题

6.1 结合本章学习的内容,联系自己的专业或生活实际,针对某一方面的内容谈谈自己的理解、认识及应用(自拟题目,不少于 600 字).

第7章 电磁感应

1820 年 4 月，丹麦物理学家奥斯特发现了电流的磁效应，即电流可以产生磁场．从此，人们就把电现象与磁现象联系起来进行研究．与此同时，人们开始考虑这样一个问题，既然电流能产生磁场，那么磁场能否产生电流呢？英国物理学家和化学家法拉第认为，既然电流能产生磁场，那么磁场也一定能产生电流．因此，1822 年，法拉第就在日记中写到"磁能转化为电"．从此，法拉第就走上了漫长的探索由磁产生电的道路．经过多次的失败之后，终于在 1831 年 8 月，法拉第以其出色的实验给出决定性的答案．这是电磁学的重大发现，它进一步揭示了电与磁之间的联系．

法拉第电磁感应定律的重要意义在于：一方面，依据电磁感应的原理，人们制造出了发电机、变压器等电气设备，使电能的大规模生产和远距离输送成为可能；另一方面，电磁感应现象在电工技术、电子技术以及电磁测量等方面都有广泛的应用，人类社会从此迈进了电气化时代．电磁感应现象的发现不仅改变了人类对自然界的认识，而且还通过新技术推进了人类的文明．本章首先介绍电磁感应现象和电磁感应定律，然后讨论两个简单的电磁感应：自感和互感．

7.1 电磁感应

7.1.1 电磁感应现象

法拉第的实验表明，当穿过闭合线圈的磁通量发生变化时，线圈中会出现电流．这种由磁产生电的现象称为电磁感应现象．电磁感应现象中出现的电流称为感应电流，出现的电动势称为感应电动势．

电磁感应现象可用下面的几个实验演示．

（1）闭合导体回路与磁铁棒之间有相对运动时．如图 7.1 所示，一个线圈与电流计的两端连接成闭合回路，电路内没有电源，所以电流计的指针不会偏转．然而当一个条形磁铁棒的任一极（N 极或 S 极）插入线圈时，可以观察到指针发生偏转，即回路中有电流通过．当磁铁棒与线圈相对静止时，无论两者相距多近，电流计指针均不发生偏转．当把磁铁棒从线圈中抽出时，电流计的指针又发生偏转，然而此时偏转的方向与插入时相反．

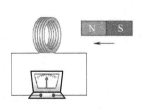

图 7.1 闭合回路与磁棒之间的相对运动

（2）闭合导体回路与载流线圈无相对运动，当载流线圈中电流改变时，同样可引起电磁感应现象. 如图 7.2 所示，两个彼此靠得较近但相对静止的线圈 1 和线圈 2，线圈 1 与电流计 G 相连接，线圈 2 与一个电源和变阻器 R 相连接. 当线圈 2 中的电路接通、断开的瞬间或改变电阻 R 时，都可以观察到电流计指针发生偏转，即在线圈 1 中出现感应电流. 实验表明，只有在线圈 2 中的电流发生变化时，才能在线圈 1 中出现感应电流.

（3）闭合导体回路的一部分在均匀磁场中运动，也能够引起电磁感应现象. 如图 7.3 所示，接有电流计的平行导体滑轨放于均匀磁场中，磁感应强度 B 垂直于滑轨平面. 当导体棒横跨平行滑轨并向右滑动时，电流计指针发生偏转，且导体棒运动得越快，指针偏转越厉害；当导体棒反向运动时，电流计指针反向偏转. 此实验中，磁感应强度 B 没有变化，但由于导体棒向右或向左运动，导体框的面积在随时间变化，于是通过导体框的磁通量随时间变化，所以在导体回路中产生了感应电流，导体棒运动得越快，单位时间内通过导体框的磁通量变化越大. 从另一个角度来看，感应电流的产生是由于闭合导体的一段导体棒切割磁力线所产生的.

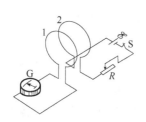

图 7.2 载流线圈中电流改变

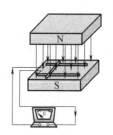

图 7.3 闭合导体回路在均匀磁场中运动

大量实验一致表明：不论什么原因，只要通过闭合回路的磁通量发生变化，闭合电路中就会出现感应电流和感应电动势.

7.1.2 电磁感应定律

1. 法拉第电磁感应定律 在图 7.1 的实验中发现，磁铁插入（或抽出）线圈的速率越大，检流计指针的偏角就越大. 把图 7.2 中滑线变阻器的阻值改变得越快时，指针偏角就越大. 这些实验事实说明，通过回路的磁通量变化越快，回路中的感应电动势就越大.

大量精确的实验证明：导体回路中感应电动势 E_i 的大小与穿过回路的磁通量 Φ_m 对时间 t 的变化率 $\Delta\Phi_m/\Delta t$ 成正比，这个结论称为法拉第电磁感应定律，用公式可表示为

$$E_i = K \frac{\Delta\Phi_m}{\Delta t} \tag{7.1}$$

式中，K 是比例常数，其值取决于式中各个物理量的单位. 在国际单位制中，感应电动势 E_i 的单位是伏特，用符号 V 表示；磁通量 Φ_m 的单位是韦伯，用符号 Wb 表示；时间 t 的单位是秒，用符号 s 表示. 这时，实验测得 $K = 1$，故法拉第电磁感应定律可表示成

$$E_i = \frac{\Delta\Phi_m}{\Delta t} \tag{7.2}$$

关于法拉第电磁感应定律应该强调以下几点：

（1）导体回路中产生感应电流的原因，是由于电磁感应在回路中建立了感应电动势，它比感应电流更本质，即使由于回路中的电阻无限大而使电流为零，感应电动势依然存在.

（2）在回路中产生感应电动势的原因是由于通过回路的磁通量的变化，而不是磁通量本身，即使通过回路的磁通量很大，但只要它不随时间变化，回路中依然不会产生感应电动势．另外，如果通过回路的磁通量改变量很大，但是发生这个改变量所用的时间很长，则回路中出现的电动势并不很大．总的来说，回路中的感应电动势的大小既不是与通过回路的磁通量成正比，也不是与磁通量的变化量成正比，而是与磁通量对时间的变化率成正比．

（3）当导体回路是由 N 匝线圈构成时，在整个线圈中产生的感应电动势应是每匝线圈中产生的感应电动势之和．设穿过各匝线圈的磁通量分别为 Φ_{m1}，Φ_{m2}，$\cdots$，Φ_{mN}，则线圈中总的感应电动势等于一匝线圈中的感应电动势的 N 倍，即

$$E_i = N\frac{\Delta\Phi_m}{\Delta t} \tag{7.3}$$

例题 7.1　一个 100 匝的线圈，在 1.0 s 内穿通过它的磁通量从 0.1 Wb 增加至 0.6 Wb，则线圈中产生的感应电动势的大小是多少？

解　由题意知，$N = 100$，$\Delta t = 1.0$ s，$\Delta\Phi_m = \Phi_{m2} - \Phi_{m1} = (0.6 - 0.1)$ Wb $= 0.5$ Wb，根据法拉第电磁感应定律的表达式（7.3），得

$$E_i = N\frac{\Delta\Phi_m}{\Delta t} = 100 \times \frac{0.5}{1.0} \text{ V} = 50 \text{ V}$$

例题 7.2　一个面积为 20 cm^2、匝数为 500 匝的线圈，放入磁感应强度为 0.02 T 的匀强磁场中．在 1.0 s 内把线圈从平行于磁感应线方向转过 90°变为与磁感应线方向垂直，求感应电动势的平均值．

解　由题意知，$S = 20$ cm$^2 = 20 \times 10^{-4}$ m^2，$N = 500$，$B = 0.02$ T，$\Delta t = 1.0$ s，根据磁通量和法拉第电磁感应定律的计算公式

$$\Phi_m = BS \quad \text{和} \quad E_i = N\frac{\Delta\Phi_m}{\Delta t}$$

得

$$\Delta\Phi_m = \Phi_{m2} - \Phi_{m1} = BS - 0 = BS = (0.02 \times 20 \times 10^{-4}) \text{ Wb} = 4.0 \times 10^{-5} \text{ Wb}$$

$$E_i = N\frac{\Delta\Phi_m}{\Delta t} = 500 \times \frac{4.0 \times 10^{-5}}{1.0} \text{ V} = 0.02 \text{ V}$$

2. 楞次定律　法拉第电磁感应定律只能用来确定感应电动势的大小，关于感应电动势的方向，则要由楞次定律确定．

1831 年，法拉第的研究成果发表以后，对俄国物理学家楞次的启发很大．从 1832 年开始，楞次做了一系列的电磁感应实验，并总结出了简单的判断感应电流的方法．在 1833 年，公布了他的研究成果，这就是**楞次定律**．其具体表述为：在发生电磁感应时，导体闭合回路中产生的感应电流具有确定的方向，总是使感应电流所产生的磁场穿过回路面积的磁通量，去补偿或者反抗引起感应电流的磁通量的变化．

楞次定律的内容还可以表达成另外一种形式：感应电流的方向，总是要使自己的磁场阻碍原来磁场（或磁通量）的变化．

值得说明的是：定律中的第一句话："感应电流的方向"是我们应用此定律的目的．或者说，我们应用该定律的目的，就是为了找出感应电流的方向．"总是"意味着不论哪一种情况下一定如此．一定要注意"阻碍原来磁场的变化"或"阻碍原来磁通量的变化"．是阻

碍原来的磁场的变化，并不是阻碍原来的磁场，即当原来的磁场增强时，感应电流产生反方向磁场，阻碍原来磁场增强；当原来磁场减弱时，感应电流产生同方向磁场，阻碍原来磁场减弱.

或者说是阻碍原来磁通量的变化，而不是阻碍原来的磁通量. 当磁通量增加时，感应电流产生反方向磁场，阻碍原来磁通量增加；当原来磁通量减少时，感应电流要产生同方向的磁场，阻碍原来磁通量减少. 这里强调的是"阻碍"和"变化"四个字.

楞次定律是判断感应电动势方向的定律，但它却是通过感应电流的方向来表达. 即从判断感应电流的方向来达到判断感应电动势的方向的目的. 从定律本身看来，它只适用于闭合电路，如果电路是开路的，通常可以把它配成闭合电路，考虑这时会产生什么方向的感应电流，从而判断出感应电动势的方向. 按照这个定律，感应电流必定采取这样一个方向，使得它所激发的磁通量去阻碍引起它的磁通量变化.

楞次定律的文字表述不好记忆，人们常常简记为"增反减同".

在考虑到楞次定律之后，一般把法拉第电磁感应定律写成如下的形式：

$$E_i = -\frac{\Delta \Phi_m}{\Delta t} \tag{7.4}$$

式中的负号就是楞次定律的数学表述，它用来确定感应电动势的方向.

在实际应用中，我们是用法拉第电磁感应定律计算感应电动势的大小，然后用楞次定律确定感应电动势的方向.

例题 7.3 在一个物理实验中，有一个 200 匝的线圈，线圈面积为 12 cm^2，在 0.04 s 内线圈平面从垂直于磁场方向旋至平行于磁场方向. 假定磁感应强度为 6×10^3 T，求线圈中产生的平均感应电动势.

解 由题意知，$N = 200$，$S = 12 \text{ cm}^2 = 12 \times 10^{-4} \text{ m}^2$，$\Delta t = 0.04 \text{ s}$，$B = 6 \times 10^3$ T. 根据磁通量的计算公式，可以求出在这段时间内磁通量的变化量为

$$\Delta \Phi_m = NBS = (200 \times 12 \times 10^{-4} \times 6 \times 10^3) \text{ Wb} = 1\,440 \text{ Wb}$$

由法拉第电磁感应定律，得

$$E_i = -\frac{\Delta \Phi_m}{\Delta t} = -\frac{1\,440}{0.04} \text{ V} = -3.6 \times 10^4 \text{ V}$$

式中的负号用来确定感应电动势的方向.

7.2 自感和互感

7.2.1 自感

1. 自感 电流流过线圈时，由该电流产生的磁场的磁感应线要通过线圈本身. 当通过线圈的电流发生变化时，穿过线圈自身所包围面积的磁通量（也称为自感磁通）要发生变化. 由法拉第电磁感应定律知，在线圈内有感应电动势产生. 这种由于线圈自身电流发生变化而在线圈自身内引起的电磁感应现象称为自感应现象，简称为自感. 产生的感应电动势称为自感电动势.

在工程技术和日常生活中，自感现象的应用非常广泛，如无线电技术和电工技术中常用的扼流圈，日光灯上用的镇流器等都是自感应用的实例. 但是在有些情况下，自感现象也会

带来危害，必须采取措施予以防止．例如，电机和强力电磁铁，在电路中都相当于自感很大的线圈．因此，在断开电路时，可能就在电路中出现瞬时高电压，在开关处可出现强烈的电弧，甚至烧毁开关、造成火灾并危及人身安全，造成事故．为了减小这种危害，一般都是先增加电阻使电流减小，然后再断开电路．大电流电力系统中的开关，还附加有"灭弧"装置．

2. 日光灯的工作原理　日光灯的电路如图 7.4 所示，它主要由灯管、镇流器和启辉器组成．镇流器是一个带铁心的线圈．启辉器的结构如图 7.5 所示，它是一个充有氖气的小玻璃泡，里面装上两个电极：一个固定不动的静触片和一个用双金属片制成的 U 形动触片．灯管内充有稀薄的水银蒸气．当水银蒸气导电时，就发生紫外线，使涂在管壁上的荧光粉发出柔和的光．

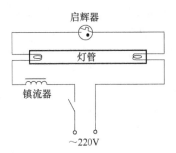

图 7.4　日光灯的电路图

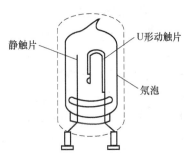

图 7.5　启辉器的结构图

由于激发水银蒸气导电所需的电压比 220 V 的电源电压高得多，因此，日光灯在开始点燃时需要一个高出电源电压很多的瞬时电压．在日光灯点燃后正常发光时，灯管的电阻变得很小，只允许通过不大的电流，电流过强就会烧坏灯管，这时又要使加在灯管上的电压大大低于电源电压．这两方面的要求都是利用跟灯管串联的镇流器来达到的．

当开关闭合后，电源把电压加在启辉器的两极之间，使氖气放电而发出辉光，辉光产生的热量使 U 形动触片膨胀伸长，跟静触片接触而使电路接通，于是镇流器的线圈和灯管的灯丝中就有电流通过．电路接通后，启辉器中的氖气停止放电，U 形动触片冷却收缩，两个触片分离，电路自动断开．在电路突然断开的瞬间，镇流器的两端就由于自感现象产生一个瞬时高电压，这个电压和电源电压都加在灯管的两端，使灯管中的水银蒸气开始导电，于是日光灯管成为电流的通路开始发光．在日光灯正常发光时，与灯管串联的镇流器就起着降压限流的作用，保证日光灯的正常工作．

7.2.2　互感

1. 互感　如果两个相邻的线圈 1 和 2 中分别通有电流 I_1 及 I_2，I_1 所产生的磁感应线有一部分通过线圈 2，如图 7.6 所示．则当线圈 1 中的电流 I_1 发生变化时，将引起线圈 2 中磁通量的变化，由法拉第电磁感应定律知，这时线圈 2 中将产生感应电动势；同理，线圈 2 中的电流 I_2 发生变化时，将引起线圈 1 中磁通量发生变化，线圈 1 中也会产生感应电动势．这种相邻两线圈的电流可以相互提供磁通量，由于其中一个线圈的电流发生变化而在另一个线圈中产生感应电动势的现象称为互感

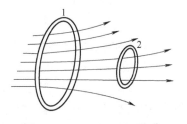

图 7.6　两个有互感的线圈

应现象，简称为<u>互感</u>. 由此产生的电动势称为<u>互感电动势</u>.

互感现象在电工技术和无线电技术中有着广泛的应用. 通过互感线圈能够把能量或信号从一个线圈传递到与其绝缘的另一个线圈中，变压器和互感器都是以此为工作原理的. 变压器中有两个匝数不同的线圈，由于互感，当一个线圈两端加上交流电压时，另一个线圈两端将感应出数值不同的电压. 互感现象在某些情况下也会带来不利的影响. 在电子仪器中，我们不希望元件之间存在互感耦合，因为这种耦合会使仪器工作质量下降甚至无法工作. 在这种情况下就要设法减少互感耦合，例如把容易产生不利影响的互感耦合元件远离或调整方向以及采用"磁场屏蔽"等措施.

2. 变压器的工作原理 变压器是利用互感原理工作的电磁装置，主要由铁心和绕在铁心上的两个线圈组成. 常见的变压器结构如图 7.7 所示，一个线圈跟电源连接，称为原线圈（初级线圈）；另一个线圈跟负载连接，称为副线圈（次级线圈）. 两个线圈都是用绝缘导线绕制成的，铁心由涂有绝缘漆的硅钢片等磁性材料叠合而成.

如果把变压器的原线圈接在交流电源上，在原线圈中就有交变电流流过. 交变电流在铁心中产生交变的磁通量，这个交变的磁通量经过闭合磁路同时穿过原线圈和副线圈. 在原、副线圈中都要产生感应电动势.

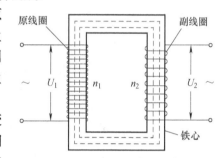

图 7.7 变压器的结构图

在理想情况下，可以认为穿过这两个线圈的交变磁通量相同，这两个线圈的每匝产生的感应电动势相等. 因此理想变压器原、副线圈的端电压之比等于这两个线圈的匝数比.

设理想变压器原线圈两端的电压是 U_1，副线圈两端的电压是 U_2，原线圈的匝数是 N_1，副线圈的匝数是 N_2，则有

$$\frac{U_1}{U_2} = \frac{N_1}{N_2} \tag{7.5}$$

由式（7.5）可知，当 $N_2 > N_1$ 时，$U_2 > U_1$，变压器使电压升高，这种变压器称为升压变压器；当 $N_2 < N_1$ 时，$U_2 < U_1$，变压器使电压降低，这种变压器称为降压变压器.

目前我国远距离输电采用的电压有 110 kV、220 kV 和 330 kV，有的线路已经开始采用 550 kV 的超高压送电.

一般大型发电机组输出的电压等级分别为 10.5 kV、13.8 kV、15.75 kV、18.0 kV. 这样的电压不符合远距离输电的要求，所以要用变压器升压. 发电厂发电机发出的电，经过升压站升高电压，由高压输电线向外输送，到达用户一方时，先在一次高压变电所降到 110 kV，再由二次高压变电所降到 10 kV，其中一部分送到需要高电压的工厂，另一部分送到低压变电所降到 220 V 或 380 V 后再送给一般用户.

手机在我们的日常生活中到处可见，几乎是人手一部，因此，充电器也就不知不觉地成了我们生活中不可或缺的小电器. 手机充电器的种类繁多，性能各异，但其基本原理和构造都是一样的. 所有手机充电器都是由一个提供稳定工作电压和足够电流的稳压电源，加上必要的恒流、限压、限时等控制电路构成. 而稳压电源中的主要元件就是变压器，它首先把来自于外界的 220 V 交流电压降至所需要伏特（例如 5.0 V、6.0 V、10 V 等）的交流电压，

然后经过整流等措施，变成我们所需要伏特（例如 5.0 V、6.0 V、10 V 等）的直流电压输出，以供我们使用.

变压器的用途很多，除了以上所说的用于升、降压的电力变压器以外，还有用于测量仪表和继电保护装置的仪用变压器，能产生高压、对电气设备进行高压试验的试验变压器，以及一些特殊用途的特种变压器，如电炉变压器、整流变压器、调整变压器、移相变压器和电容式变压器等.

例题 7.4 已知某品牌手机的充电器，输入电压为 220 V，输出电压为 5.0 V，如果其变压器原线圈的匝数为 880，则副线圈的匝数应该是多少？

解 由题意知，$U_1 = 220$ V，$U_2 = 5.0$ V，$N_1 = 880$ 匝，根据变压器的计算公式 (7.5)，得

$$N_2 = \frac{U_2}{U_1} N_1 = \frac{5.0}{220} \times 880 \text{ 匝} = 20.0 \text{ 匝}$$

习 题

一、判断题

7.1 1831 年，英国物理学家法拉第发现了电磁感应现象. （　　）

7.2 1834 年，俄国物理学家楞次总结了确定感应电流方向的定律——楞次定律.

（　　）

7.3 电路中的磁通量发生变化时，就一定会产生感应电流. （　　）

7.4 线圈中的磁通量变化得越快，产生的感应电动势越大. （　　）

7.5 闭合电路内只要有磁通量，就有感应电流产生. （　　）

7.6 日光灯上用的镇流器是应用自感原理的一个实例. （　　）

7.7 变压器是利用互感原理工作的电磁装置. （　　）

二、填空题

7.1 磁通量是_____（填"标量"或"矢量"）.

7.2 当穿过闭合导体回路的_____发生变化时，闭合导体回路中就有_____产生，这种利用磁场变化产生电流的现象称为电磁感应.

7.3 在电磁感应现象中形成的电流称为_____.

7.4 闭合电路中感应电动势的大小，跟穿过这一电路的_____成正比.

7.5 由于线圈自身_____发生变化而在线圈自身内引起的电磁感应现象称为自感，由于自感而产生的感应电动势称为_____.

7.6 变压器是利用_____原理工作的电磁装置.

三、选择题

7.1 在物理学的发展过程中，观测、实验、假说和逻辑推理等方法都起到了重要作用，下列叙述不符合事实的是 （　　）

A. 奥斯特在实验中观察到了电流的磁效应，该效应揭示了电和磁之间存在联系；

B. 安培根据通电螺线管的磁场和条形磁铁的磁场的相似性，提出了分子电流假说；

C. 法拉第在实验中观察到，在通有恒定电流的静止导线附近的固定导体线圈中，会出

现感应电流；

D. 楞次在分析了许多实验事实后提出，感应电流应具有这样的方向，即感应电流的磁场总要阻碍引起感应电流的磁通量的变化.

7.2　下列验证"由磁产生电"的实验中，能观察到感应电流的是　　　　（　）

A. 将绕在磁铁上的线圈与电流表组成一闭合回路，然后观察电流表的变化；

B. 在一通电线圈旁放置一连有电流表的闭合线圈，然后观察电流表的变化；

C. 将一房间内的线圈两端与相邻房间的电流表连接，往线圈中插入条形磁铁后，再到相邻房间去观察电流表的变化；

D. 绕在同一铁环上的两个线圈，分别接电源和电流表，在给线圈通电或断电的瞬间，观察电流表的变化.

7.3　将闭合多匝线圈置于仅随时间变化的磁场中，关于线圈中产生的感应电动势和感应电流，下列表述正确的是　　　　　　　　　　　　　（　）

A. 感应电动势的大小与线圈的匝数无关；

B. 穿过线圈的磁通量越大，感应电动势越大；

C. 穿过线圈的磁通量变化越快，感应电动势越大；

D. 感应电流产生的磁场方向与原磁场方向始终相同.

7.4　下列关于自感现象的说法中，不正确的是　　　　　　　　（　）

A. 自感现象是由于线圈自身的电流发生变化而产生的电磁感应现象；

B. 线圈中自感电动势的方向总与引起自感的原电流的方向相反；

C. 线圈中自感电动势的大小与穿过线圈的磁通量变化的快慢有关；

D. 加铁心后线圈的自感比没有铁心时的自感要大.

7.5　（多选）如图 7.8 所示，A、B 是相同的白炽灯，L 是自感系数很大、电阻可忽略的自感线圈. 下面说法正确的是

　　　　　　　　　　　　　　　　（　）

A. 闭合开关 S 时，A、B 灯同时亮，且达到正常；

B. 闭合开关 S 时，B 灯比 A 灯先亮，最后一样亮；

C. 闭合开关 S 时，A 灯比 B 灯先亮，最后一样亮；

D. 断开开关 S 时，A 灯与 B 灯同时慢慢熄灭.

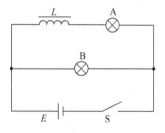

图 7.8　选择题 7.5 用图

四、简答题

7.1　感应电动势的大小由什么因素决定？

7.2　在国际单位制（SI）中，感应电动势的单位什么？用什么符号表示？

7.3　在电磁感应定律的计算公式 $E_i = -\dfrac{\Delta \Phi_m}{\Delta t}$ 中，负号的意义是什么？

7.4　什么是自感？

7.5　什么是互感？

五、计算题

7.1　一个 200 匝的线圈，在 1.0 s 内穿通过它的磁通量从 0.2 Wb 增加至 0.8 Wb，则该线圈中产生的感应电动势的大小是多少？

7.2　某线圈匝数为 500 匝，将磁铁的一极在 0.1 s 内插入线圈，在这段时间内线圈的磁

通量增加了 1.5×10^{-5} Wb，则该线圈中产生的感应电动势的大小为多少？

7.3 匝数为 1 000 匝的线圈，在 1.0 s 内磁通量由 0.1×10^{-6} Wb 增加到 0.5×10^{-6} Wb，则该线圈中产生的感应电动势的大小是多少？

7.4 穿过某线圈的磁通量在 0.1 s 内由 2.0×10^{-5} Wb 减小到 0，产生了 0.2 V 的感应电动势，试求该线圈的匝数.

六、论述题

7.1 请联系自己的专业或生活实际，谈谈自己对自感或者互感的理解、认识及应用（自拟题目，不少于 300 字）.

第 8 章　振动和波

> 　　物体在一定位置附近做来回往复的运动，称为机械振动，简称振动. 它是物体的一种运动形式，在自然界中广泛存在. 例如心脏的跳动，声带、琴弦、锣鼓的颤动，摆的运动等. 振动并不局限在机械运动范围内，广义来说，任何一个物理量随时间做周期性的变化都可以称为振动. 例如，交流电路中的电流、电压，电磁波中的电场强度和磁感应强度等都随时间做周期性的变化，也是一种振动形式. 虽然这种振动形式与机械振动有着本质的区别，但它们都具有振动的共性，都可以用同样的数学形式来表示其运动规律. 可见，了解机械振动的性质有助于研究其他各种振动.
>
> 　　波动是振动状态在空间的传播，它也是自然界中一种常见而又非常重要的物质运动形式. 机械振动在弹性介质中的传播过程，称为机械波；变化的电场和变化的磁场在空间的传播过程，称为电磁波. 虽然各类波产生的机制以及物理本质都不尽相同，但它们所遵循的规律却有很多相似之处，如都具有一定的传播速度，都伴随着能量的传播，都能产生反射、折射和衍射等现象，都可以用类似的数学方程来描述等.
>
> 　　本章主要研究简谐振动的运动学，并以平面简谐波为重点，讨论机械波的产生、分类以及机械波的一些基本规律和描述方法.

8.1　简谐振动

8.1.1　简谐振动的定义

　　如果物体离开平衡位置的位移按余弦函数（或正弦函数）的规律随时间变化，那么这种运动称为简谐振动. 简谐振动是一种最简单、最基本的振动，一切复杂的振动都可以看作是若干个简谐振动的合成.

　　简谐振动用数学形式可表示为（本书用余弦函数表示）

$$x = A\cos(\omega t + \varphi) \tag{8.1}$$

式中，x 是物体在 t 时刻的位移；A 为振幅；ω 为物体的角频率；φ 是初相位. 式（8.1）表示做简谐振动的物体的位移随时间变化的关系，称为简谐振动的运动学方程.

　　由于简谐振动是简单的直线运动，因此可以采用标量形式来描述物体运动的位移. x 为正时表示与规定正方向同向，x 为负时表示与规定正方向反向.

　　一般而言，无论 x 代表什么物理量，只要它的变化规律遵从式（8.1），就可以说这个物理量在做简谐振动.

8.1.2 简谐振动的描述

由简谐振动的运动学方程式（8.1）可知，只要确定 A、ω 和 φ，该简谐振动就可以确定，因此，我们把这三个量称为简谐振动的特征物理量.

1. 振幅 做简谐振动的物体离开平衡位置的最大距离称为振幅，用 A 表示. 振幅反映了振动的强弱. 对于式（8.1），因为 $\cos(\omega t + \varphi)$ 的值在 -1 和 1 之间，所以物体的振动范围在 $-A$ 和 A 之间. 振幅 A 的值可由振动的初始条件来确定. 在国际单位制（SI）中，振幅的单位是米，用符号 m 表示.

2. 周期、频率 物体做一次完全振动所需的时间，称为振动的周期，用 T 表示. 则有

$$x(t+T) = x(t)$$

将式（8.1）代入上式得

$$x(t+T) = A\cos[\omega(t+T) + \varphi] = A\cos(\omega t + \varphi)$$

由于余弦函数的周期性，物体做一次完全振动后应有 $\omega T = 2\pi$，所以

$$T = \frac{2\pi}{\omega} \tag{8.2}$$

单位时间内物体完成振动的次数，称为该振动的频率，用 ν 表示. 因此频率等于周期的倒数，即

$$\nu = \frac{1}{T} = \frac{\omega}{2\pi} \tag{8.3}$$

由式（8.3）又可得到

$$\omega = 2\pi\nu \tag{8.4}$$

即 ω 等于物体在 2π 时间内完成振动的次数，称为角频率或圆频率.

在国际单位制（SI）中，周期的单位是秒，符号为 s；频率的单位是赫兹，符号为 Hz，$1\ \text{Hz} = 1/\text{s}$；角频率的单位是弧度每秒，符号为 rad/s. 物体的周期和频率反映了振动的快慢，做简谐振动的物体，其周期和频率是由该系统自身性质决定的，与初始条件和运动状态无关，这个周期和频率，称为系统的固有周期和固有频率.

3. 相位、初相 由式（8.1）可以看出，对于角频率和振幅已知的简谐振动，振动物体在任一时刻 t 相对于平衡位置的位移取决于 $(\omega t + \varphi)$，这个决定简谐振动状态的物理量称为振动的相位. 在国际单位制（SI）中，相位的单位是弧度，用符号 rad 表示. $t = 0$ 时刻的相位 φ 称为振动的初相位，简称初相，它决定了初始时刻振动物体的运动状态.

由三角函数知识可知，无论 t 为何值，只要 $(\omega t + \varphi)$ 相差 2π 的整数倍，其正、余弦函数值就分别相等，振动状态也就相同，因而从相位方面也说明了简谐振动是周期性振动.

对于一个确定的简谐振动，某时刻的运动状态既可以用该时刻的位移来表示，也可以用该时刻的相位来表示. 由于相位在简谐振动中是一个非常重要的物理量，而且用它可以很方便地比较两个简谐振动的步调，因此我们通常采用相位来描述振动状态.

例题 8.1 已知某简谐振动的运动学方程为

$$x = 0.02\cos(100\pi t + \pi/3) \quad (\text{SI})$$

试求其振幅、角频率、频率、周期和初相.

解 将该简谐振动的运动学方程与标准形式

$$x = A\cos(\omega t + \varphi)$$

相比较, 可得该简谐振动的

振幅为 $A = 0.02$ m, 　　角频率为 $\omega = 100\pi$ rad/s, 　　频率为 $\nu = 50$ Hz,

周期为 $T = 0.02$ s, 　　初相为 $\varphi = \dfrac{\pi}{3}$.

例题 8.2　一质点按如下规律沿 x 轴做简谐振动:

$$x = 0.05\cos\left[4\pi\left(t + \frac{1}{6}\right)\right] \quad (\text{SI})$$

求此振动的振幅、角频率、频率、周期和初相.

解　将该质点的运动学方程改写为

$$x = 0.05\cos\left(4\pi t + \frac{2\pi}{3}\right) \quad (\text{SI})$$

并与简谐振动运动学方程的标准形式

$$x = A\cos(\omega t + \varphi)$$

相比较, 可得该简谐振动的

振幅为 $A = 0.05$ m, 　　角频率为 $\omega = 4\pi$ rad/s, 　　频率为 $\nu = 2.0$ Hz,

周期为 $T = 0.5$ s, 　　初相为 $\varphi = \dfrac{2\pi}{3}$.

8.2　简谐波

8.2.1　机械波的产生条件和分类

1. 机械波的产生条件　传播机械波的介质可以看成是由大量质元组成, 每个质元都有一个平衡位置, 并且各质元之间有相互作用的弹性力. 当介质中某一质元 A 受到外界的作用而偏离平衡位置时, 邻近的质元就会对它作用一个弹性回复力, 使质元 A 在平衡位置附近产生振动. 同时当 A 偏离平衡位置时, A 周围的质元也受到 A 作用的弹性力, 迫使这些质元偏离平衡位置振动, 这些偏离平衡位置的质元又会对更远处与它们邻近的质元施加弹性力, 使那些质元也偏离平衡位置振动, 从而由近及远地使 A 周围质元以及更外围的质元都在弹性力的作用下依次振动起来, 这样振动就以一定的速度由近及远地传播出去, 形成机械波. 由此可见, <u>形成机械波首先要有做机械振动的物体, 即波源.</u> 在上述分析中, 质元 A 即为波源. <u>其次, 形成机械波还要有能够传播机械振动的弹性介质.</u>

2. 横波和纵波　根据振动方向与波的传播方向之间的关系, 可以将机械波分为横波和纵波. *振动方向与传播方向相互垂直的波称为横波; 振动方向与传播方向平行的波称为纵波.* 如图 8.1a 所示, 绳子的一端固定,

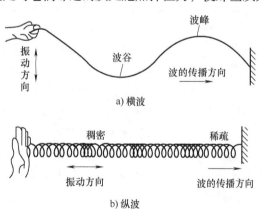

图 8.1　横波与纵波

另一端握在手中并上下振动，于是绳子上的各点会依次上下振动起来，形成机械波，其振动方向与波的传播方向垂直，所以是横波，横波的外形特征表现为横向具有凸出的"波峰"和凹下的"波谷". 如图 8.1b 所示，将一根水平放置的长弹簧一端固定，在另一端沿水平方向压缩或拉伸一下，使该端在水平方向做振动. 由于弹簧各部分之间弹性力的作用，弹簧的各个部分也相继水平振动起来，表现为弹簧圈的"稠密"和"稀疏"，可见弹簧的振动方向与波的传播方向相同，都沿水平方向，所以是纵波，纵波的外形特征表现为沿振动方向有介质的"稠密"和"稀疏". 另外，空气中传播的声波也是我们最常见的纵波. 当波源即发声体振动时，在传播方向上就会引起空气"稠密"和"稀疏"的振动.

横波和纵波是机械波中两种最基本、最简单的波动形式，任何复杂的机械波都可以看作是若干个横波或纵波的合成.

3. 平面波和球面波

（1）波面、波前和波线　为了更形象地描述波动在介质中的传播情况，我们引入波面、波前和波线的概念. 在波动过程中，某一时刻介质中各振动相位相同的点连成的曲面称为波面. 波传播到达的最前面的那个波面称为波前或波阵面. 由于波面上各点的相位相等，所以波面是等相面. 沿波的传播方向做一些带箭头的线称为波射线，简称波线. 在各向同性介质中波线与波面总是处处正交.

（2）平面波和球面波　按波面的形状可将波分为平面波、球面波和柱面波等. 平面波的波面是一组平行平面，波线是垂直于波面的平行直线，如图 8.2a 所示；球面波的波面是以点波源为中心的一系列同心球面，波线是沿半径方向的直线，如图 8.2b 所示；柱面波的波面是以线状波源为轴线的圆柱面，波线是垂直于轴线且以轴线上各点为圆心的、沿圆的半径方向的直线，如图 8.2c 所示.

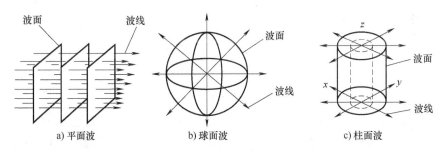

图 8.2　平面波、球面波和柱面波

在各向同性介质中，点波源产生球面波，线波源产生柱面波. 但当研究的位置远离波源时，无论波源是什么形状，研究点附近的波面都可以近似地看成是平面波波面. 例如，太阳发出的光波是球面波，但在地球上研究时，就可以将其看成是平面波.

8.2.2　平面简谐波的描述

一般情况下的机械波都是很复杂的. 在均匀各向同性的弹性介质中，如果波源做简谐振动，则介质中各点也都相继做简谐振动，于是这种简谐振动的传播在介质中形成了简谐波. 波面为平面的简谐波称为平面简谐波. 平面简谐波是一个理想模型，是最简单、最基本的波动形式. 一切复杂的波都可以看作是一些频率不同、振幅不同的平面简谐波的合成. 本节主要讨论在无吸收（即不吸收所传播的振动能量）、各向同性、均匀无限大介质中传播的平面简谐波.

1. 平面简谐波的波函数　假设在均匀的各向同性介质中沿 x 轴方向无吸收地传播着一列速度为 u 的平面简谐波. 如果介质中各点的简谐振动的位移用 y 表示, 那么 t 时刻处于原点 O 处的质元的振动位移可以表示为

$$y_0 = A\cos(\omega t + \varphi)$$

由于波动是沿着 x 轴正方向以速度 u 传播, 因此波动从原点 O 传播到 x 轴上位置为 x 处的 P 点所需的时间为

$$\Delta t = \frac{x}{u}$$

所以 P 点质元的振动比 O 点的振动在时间上落后 Δt, 即 P 点质元在 t 时刻的位移与 O 点在 $t - \Delta t$ 时刻的位移相同. 所以有

$$y_P(t) = y_0(t - \Delta t) = A\cos\left[\omega(t - \Delta t) + \varphi\right]$$
$$= A\cos\left[\omega\left(t - \frac{x}{u}\right) + \varphi\right]$$

由于 P 点的位置是任意的, 因此可以将 y_P 的下标 P 省略. 又因 y 是自变量 x 和 t 的函数, 所以上式可表示为

$$y(x,t) = A\cos\left[\omega\left(t - \frac{x}{u}\right) + \varphi\right] \qquad (8.5)$$

这样就得到 t 时刻 x 处质元的振动位移, 也就是<u>平面简谐波的波函数</u>, 亦即平面简谐波的运动学方程.

为了进一步理解波函数的意义, 我们做如下讨论.

(1) x 给定　由于波函数中含有 x 和 t 两个自变量, 如果 x 给定, 那么位移 y 就只是 t 的周期函数, 这种情况下的波函数就表示位置为 x 处的质元在不同时刻的振动位移, 也就简化成该质元在做简谐振动的情形了. 例如对于波线上一个确定的点 $x = x_0$, 那么波函数式 (8.5) 就改写为

$$y(t) = A\cos\left[\omega\left(t - \frac{x_0}{u}\right) + \varphi\right]$$

它表示 x_0 处质元的位移随时间 t 的变化规律, 也就是该质元的简谐振动方程表示式, 如图 8.3a 所示. 形象地说, 这就相当于利用手机的录像功能, 对着横波的 x_0 点进行录像, 它反映了 x_0 处的质元做简谐振动的情况.

(2) t 给定　在这种情况下, 位移 y 就只是 x 的周期函数. 此时的波函数就表示在给定时刻 t, x 轴线 (即波线方向) 上各质元的振动位移, 也就是在给定时刻 t 的波形. 例如对于某一确定时刻 $t = t_0$, 波函数式 (8.5) 就改写为

$$y(x) = A\cos\left[\omega\left(t_0 - \frac{x}{u}\right) + \varphi\right]$$

该式表示在给定时刻 t_0, 波线上各质元的位移 y 随 x 的分布情况, 也即是 t_0 时刻的波形表达式, 如图 8.3b 所示. 形象地说, 这就相当于利用手机的照相功能, 对着横波拍摄快照, 它反映了 t_0 时刻各质元的位移情况.

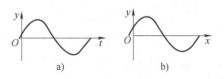

图 8.3　振动曲线和波形图

（3）x 和 t 都在变化　在这种情况下，波函数就表示波线上不同质元在不同时刻的位移，更形象地说，就是波形的传播．如图 8.4 所示，实线代表 t_1 时刻的波形，虚线代表 $t_1 + \Delta t$ 时刻的波形．从图中可以看出，t_1 时刻 x_1 处质元的振动状态与 $t_1 + \Delta t$ 时刻 $x_1 + \Delta x$ 处质元的振动状态相同，则相位也相同．于是有

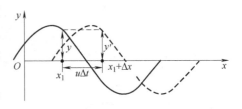

图 8.4　不同时刻的波形图

$$\omega\left(t_1 - \frac{x_1}{u}\right) + \varphi = \omega\left[(t_1 + \Delta t) - \frac{(x_1 + \Delta x)}{u}\right] + \varphi$$

化简得

$$\Delta x = u\Delta t \tag{8.6}$$

因此，t_1 时刻 x_1 处质元的振动相位在 $t_1 + \Delta t$ 时刻传播到 $x_1 + \Delta x$ 即 $x_1 + u\Delta t$ 处．或者说，在时间 Δt 内，整个波形向前移动了 $u\Delta t$ 的距离．这种在空间行进的波称为行波．形象地说，这就相当于利用手机的录像功能，对着横波的各点同时进行录像，它反映了所有质元在不同时刻做简谐振动的情况．

2. 平面简谐波的基本特征物理量

（1）波的周期和频率　波动向前传播一个完整波形所需的时间称为波的周期，用 T 表示，它在数值上等于波源振动的周期．在波传播过程中，单位时间内向前传播的完整波形的数目称为波的频率，简称波频，用 ν 表示．由于介质中的质元都相继重复波源的振动，所以波的频率在数值上也等于波源的振动频率．从周期和频率的定义可以看出二者互为倒数，即

$$\nu = \frac{1}{T}$$

一般情况下，波的周期和频率由波源的性质决定，与介质无关．在国际单位制（SI）中，周期的单位是秒，符号是 s；频率的单位是赫兹，符号为 Hz，1 Hz = 1/s.

（2）波长　简谐振动传播过程中，同一波线上两个相邻相位差为 2π 的振动质元之间的距离，即一个完整波形的长度称为波长，用 λ 表示．介质中振动的相位差为 2π 及其整数倍的所有质元，它们的振动状态都相同，所以这些质元间的距离为一个波长或波长的整数倍．从波的形成过程来看，波长是波在一个周期内传播的距离，即

$$\lambda = uT \tag{8.7}$$

对于横波，其波长就是相邻两个波峰之间或者相邻两个波谷之间的距离，如图 8.5a 所示；对于纵波，其波长指相邻两个密部或相邻两个疏部对应点之间的距离，如图 8.5b 所示．在国际单位制（SI）中，波长的单位是米，符号为 m.

3. 平面简谐波波函数的其他形式　利用前面提到的平面简谐波的几个基本特征物理量的关系

$$\nu = \frac{1}{T}, \quad \omega = \frac{2\pi}{T} = 2\pi\nu, \quad \lambda = uT$$

可以将简谐波的波函数即式（8.5）改写为用波长 λ、周期 T 或频率 ν 等物理量表示的函数形式

$$y(x,t) = A\cos\left(\omega t - \frac{2\pi x}{\lambda} + \varphi\right) \tag{8.8a}$$

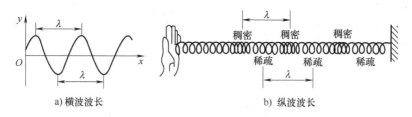

a) 横波波长   b) 纵波波长

图 8.5 简谐波的波长

$$y(x,t) = A\cos\left[2\pi\left(\frac{t}{T} - \frac{x}{\lambda}\right) + \varphi\right] \tag{8.8b}$$

$$y(x,t) = A\cos\left[2\pi\left(\nu t - \frac{x}{\lambda}\right) + \varphi\right] \tag{8.8c}$$

$$y(x,t) = A\cos\left[\frac{2\pi}{\lambda}(ut - x) + \varphi\right] \tag{8.8d}$$

将式（8.8）与原点 O 处质元的振动表达式相比较可以看出，坐标为 x 的质元的振动相位比原点处质元的振动相位落后 $\frac{2\pi x}{\lambda}$. 当 $x = k\lambda$（$k = \pm 1$，± 2，± 3，$\cdots$）时，在这些坐标处质元的振动状态与原点处质元的振动状态完全相同. 可见波长 λ 反映了波的空间周期性.

如果平面简谐波沿 x 轴负方向传播，那么在 t 时刻位于 x 处的质元的位移应该等于原点在这之后 x/u，即（$t + x/u$）时刻的位移. 因此，应将式（8.5）和式（8.8）中的减号改为加号，就可以得到相应的波函数了.

例题 8.3 一平面简谐波沿 x 轴的正方向传播，已知其波函数为

$$y = 0.02\cos\pi(5x - 200t) \quad (\text{SI})$$

求波的振幅、波长、周期和波速.

解 将已知波函数改写为

$$y = 0.02\cos 2\pi\left(100t - \frac{5}{2}x\right)$$

并与平面简谐波波函数的标准形式

$$y = A\cos 2\pi\left(\frac{t}{T} - \frac{x}{\lambda}\right)$$

相比较，可得该波的振幅、波长、周期和波速，分别为

$$A = 0.02 \text{ m}, \quad \lambda = \frac{2}{5} \text{ m} = 0.4 \text{ m}, \quad T = \frac{1}{100} \text{ s} = 0.01 \text{ s}, \quad u = \frac{\lambda}{T} = 40 \text{ m/s}.$$

例题 8.4 一横波沿绳子传播时的波函数为

$$y = 0.05\cos(10\pi t - 4\pi x) \quad (\text{SI})$$

求此波的振幅、波速、频率和波长.

解 将题设绳波波函数改写为

$$y = 0.05\cos(10\pi t - 4\pi x) = 0.05\cos 2\pi\left(5t - \frac{x}{0.5}\right)$$

并与一般简谐波波函数的标准形式

$$y = A\cos 2\pi\left(\nu t - \frac{x}{\lambda}\right)$$

相比较，可得该波的振幅、频率、波长和波速，分别为
$$A = 0.05 \text{ m}, \quad \nu = 5 \text{ Hz}, \quad \lambda = 0.5 \text{ m}, \quad u = \lambda\nu = 2.5 \text{ m/s}.$$

习 题

一、判断题

8.1 简谐振动的平衡位置就是质点所受合力为零的位置. （　　）

8.2 简谐振动的周期与振幅成正比. （　　）

8.3 在机械波传播过程中，介质中的质点随波的传播而迁移. （　　）

8.4 周期或频率，只取决于波源，而与波速 u 和波长 λ 无直接关系. （　　）

8.5 波速 u 取决于介质的性质，它与周期 T 和波长 λ 无直接关系. 只要介质不变，u 就不变；如果介质变了，u 也一定变. （　　）

8.6 机械波在一个周期内传播的距离等于一个波长. （　　）

二、填空题

8.1 简谐振动的运动学表达式为＿＿＿＿＿＿＿＿＿＿，其中 A 代表振幅，$\omega = 2\pi\nu$ 表示简谐振动的快慢.

8.2 做简谐振动的物体离开平衡位置的最大＿＿＿＿＿＿＿＿称为振幅，用 A 表示.

8.3 物体做一次完全振动所需的时间，称为振动的＿＿＿＿＿＿＿＿＿＿，用＿＿＿＿＿＿＿表示.

8.4 机械波的形成条件是要有做机械振动的物体，即波源和＿＿＿＿＿＿＿＿＿.

8.5 横波是质点的振动方向与波的传播方向相互＿＿＿＿＿＿的波，有波峰（凸部）和波谷（凹部）.

8.6 纵波是质点的振动方向与波的传播方向相互＿＿＿＿＿＿的波，有密部和疏部.

三、选择题

8.1 下列哪一个不是描述做简谐振动物体的特征物理量 （　　）
A. 位移　　　　B. 振幅　　　　C. 角频率　　　　D. 初相位

8.2 一弹簧振子的位移 x 随时间 t 变化的关系式为 $x = 0.1\cos(2.5\pi t)$，位移 x 的单位为 m，时间 t 的单位为 s. 则下列哪一项是错误的 （　　）
A. 弹簧振子的振幅为 0.1 m；
B. 弹簧振子的角频率为 2.5π rad/s；
C. 弹簧振子的周期为 1.25 s；
D. 弹簧振子的初相位为 0.

8.3 某简谐振动的运动学方程为 $x = 0.02\cos(100\pi t + \pi/3)$ （SI）. 则该振动的振幅和周期应该是 （　　）
A. 0.01 m, 0.02 s　　　　　　B. 0.02 m, 0.02 s
C. 0.02 m, 0.01 s　　　　　　D. 0.02 m, 50 s

8.4 一平面简谐波沿 x 轴的正方向传播，已知其波函数为 $y = 0.02\cos\pi(5x - 200t)$ （SI）. 则下列哪一项是错误的 （　　）
A. 振幅是 0.02 m；　　　　　　B. 周期是 0.01 s；

C. 波长是 0.04 m;   D. 波速是 40 m/s.

8.5 一横波沿绳子传播时的波函数为 $y = 0.05\cos(10\pi t - 4\pi x)$（SI）. 则该波的振幅和频率应该是   (   )

A. 0.05 m, 5 Hz   B. 0.05 m, 0.5 Hz

C. 0.5 m, 5 Hz   D. 0.5 m, 0.5 Hz

8.6 波从一种介质进入另一种介质, 下列中的哪个量不变化?   (   )

A. 波长   B. 波速   C. 频率   D. 能量

四、简答题

8.1 物体做简谐振动的运动学方程能否用正弦函数描述?

8.2 什么是物体做简谐振动的振幅? 用什么符号表示?

8.3 什么是物体做简谐振动的周期? 周期和频率有什么关系?

8.4 什么是物体做简谐振动的相位、初相位?

8.5 什么是波面? 什么是波前?

8.6 什么是波长? 用什么符号表示?

五、计算题

8.1 一质点按如下规律沿 x 轴做简谐振动:

$$x = 0.05\cos\left[4\pi\left(t + \frac{1}{6}\right)\right] \quad (\text{SI})$$

求此振动的振幅、角频率和初相.

8.2 若交流电压的表达式为

$$V = 311\sin100\pi t \quad (\text{SI})$$

求交流电的振幅、周期、频率和初相.

8.3 一个小球和轻弹簧组成的系统, 按 $x = 5\times10^{-2}\cos(8\pi t + \pi/3)$（SI）的规律振动, 试求此振动的振幅、角频率、周期、频率和初相.

8.4 一横波沿绳子传播时的波函数为

$$y = 0.05\cos(10\pi t - 4\pi x) \quad (\text{SI})$$

试求此横波的波长、频率和波速.

8.5 一横波沿绳传播, 其波函数为

$$y = 2\times10^{-2}\sin2\pi(200\,t - 2.0x) \quad (\text{SI})$$

试求此波的波长、频率、波速和传播方向.

8.6 太平洋上有一次形成的洋波速度为 740 km/h, 波长为 300 km. 这种洋波的频率是多少? 横渡太平洋 8000 km 的距离需要多长时间?

六、论述题

8.1 请联系自己的专业或生活实际, 谈谈自己对振动和波的理解、认识及应用（自拟题目, 不少于 300 字）.

第9章 光学

光是一种重要的自然现象. 我们之所以能够看到客观世界中色彩斑斓的景象, 是因为眼睛接收物体发射、反射或散射的光. 光学是研究光的传播以及它和物质相互作用问题的学科. 本章仅讨论几何光学和波动光学的基础知识及激光的特性与应用.

9.1 几何光学基础

以光的基本实验定律为基础, 并借助于几何学的方法, 来研究光在透明介质中传播规律的光学称为几何光学. 几何光学是研究光的反射、折射及其有关光学系统成像规律的学科.

9.1.1 几何光学的基本定律

任何一个发光体都是一个光源. 当发光体本身的尺寸与光的传播距离相比可以略去不计时, 该发光体称为发光点或点光源. 任何被成像的物体都可以认为是由无数个这样的发光点所组成. 用一条表示光的传播方向的几何线来代表光, 并称这条线为光线, 波阵面的法线就是几何光学中的光线, 与波阵面对应的法线束称为光束. 平面波对应于平行光束, 球面波对应于会聚或发散光束.

1. 光的直线传播定律 在均匀介质中, 光沿直线传播, 简称光的直线传播. 或者说, 在均匀介质中, 光线为一直线, 这就是光的直线传播定律.

2. 光的独立传播定律 光在传播过程中与其他光束相遇时, 各光束都各自独立传播, 不改变其性质和传播方向, 这就是光的独立传播定律.

光的直线传播定律和光的独立传播定律是几何光学的重要基础, 利用它们可以解释很多自然现象, 如影子的形成、日食、月食、小孔成像等.

3. 光的反射定律 光在均匀介质中是沿直线传播的, 但遇到两种不同介质的分界面时, 光线的方向会发生改变. 一部分光返回原介质中传播, 称为反射; 另一部分光进入另一种介质中传播, 称为折射. 如图9.1所示, *AB*、*BC* 和 *BD* 分别为入射光线、反射光线和折射光线. 入射光线与分界面的法线 *BN* 构成的平面称为入射面. 入射光线、反射光线和折射光线分别与法线所构成的夹角 i、i' 和 r 分别称为入射角、反射角和折射角.

实验表明, 反射光线与入射光线、法线在同一平面

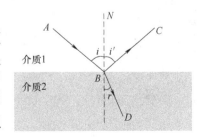

图 9.1 光的反射和折射

内，且反射光线和入射光线分居在法线的两侧，反射角等于入射角，即

$$i' = i \tag{9.1}$$

这就是光的反射定律.

4. 光的折射定律 人们对光的折射进行研究后总结出一条规律，称为折射定律，表述为：

（1）折射光线总是位于入射面内，并且与入射光线分居在法线的两侧，如图 9.1 所示；

（2）入射角 i 的正弦与折射角 r 的正弦之比，是一个取决于两种介质光学性质及光的波长的恒量，它与入射角无关，即

$$\frac{\sin i}{\sin r} = n_{21} \tag{9.2}$$

恒量 n_{21} 称为第二种介质相对于第一种介质的折射率，简称相对折射率，其大小是光在两种介质中的传播速率之比，即

$$n_{21} = \frac{v_1}{v_2}$$

如果光从真空中进入某种介质，并设光在真空中和在介质中的光速分别为 c 和 v，则该介质相对于真空的折射率

$$n = \frac{c}{v}$$

称为绝对折射率，简称折射率.

根据折射率的定义 $n = c/v$，可得

$$n_{21} = \frac{v_1}{v_2} = \frac{c/n_1}{c/n_2} = \frac{n_2}{n_1} \tag{9.3}$$

将式（9.3）代入式（9.2）中，则有

$$n_1 \sin i = n_2 \sin r \tag{9.4}$$

式（9.4）是折射定律的另一种常用形式，称为斯涅耳定律.

5. 光路可逆原理 光在两种介质的分界面上反射和折射时，如果光线逆着原来的反射光线或折射光线的方向入射到界面上，必然会逆着原来入射方向反射或折射出去，即当光线反向传播时，总是沿原来正向传播的同一路径逆向传播，这种性质称为光路可逆性或光路可逆原理. 光路可逆性可用反射定律或折射定律证明，应用光路可逆性可使许多复杂的光学问题简单化.

例题 9.1 如果玻璃的折射率为 1.52，水的折射率为 1.33，则光在玻璃和水中的传播速度分别约为多少？

解 由题意知，$n_1 = 1.52$，$n_2 = 1.33$，根据折射率的定义式

$$n = \frac{c}{v}$$

可以求出光在玻璃和水中的传播速度分别约为

$$v_1 = \frac{c}{n_1} = \frac{3.0 \times 10^8}{1.52} \text{ m/s} \approx 1.97 \times 10^8 \text{ m/s}$$

$$v_2 = \frac{c}{n_2} = \frac{3.0 \times 10^8}{1.33} \text{ m/s} \approx 2.26 \times 10^8 \text{ m/s}$$

例题9.2 光从空气射入某介质时，入射角是45°，折射角是30°. 则

（1）这种介质的折射率是多少？

（2）光在这种介质中的传播速度是多少？

解 由题意知，$i=45°$，$r=30°$，根据光的折射定律和折射率的定义，得

（1）这种介质的折射率为

$$n = \frac{\sin i}{\sin r} = \frac{\sin 45°}{\sin 30°} = \frac{\sqrt{2}/2}{1/2} = \sqrt{2} \approx 1.414$$

（2）光在这种介质中的传播速度为

$$v = \frac{c}{n} = \frac{3.0 \times 10^8}{1.414}\ \text{m/s} \approx 2.122 \times 10^8\ \text{m/s}$$

9.1.2 光的反射和折射成像

1. 符号法则 如图9.2所示，发光点位于 S 处，通常把发光点与球面的曲率中心 C 的连线称为主光轴，简称主轴. 主轴和球面的交点 O 称为顶点.

为了使导出的公式具有普适性，必须先约定各分量的正负号规则. 我们对符号做如下规定：

（1）线段 线段的长度都是从顶点算起，凡是光线和主轴的交点在顶点右方的线段，其长度的数值为正，反之为负. 物点或像点到主轴的线段，在主轴上方的其长度的数值为正，反之为负.

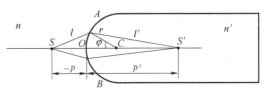

图9.2 球面折射

（2）角量 一律以锐角来衡量，且规定主轴为起始边，由主轴转向光线时，沿顺时针转动，则该角度为正，反之为负. 光线与法线的夹角即入射角 i 和折射角 r，规定以法线为起始边，由法线顺时针转向光线时该角度为正，反之为负.

（3）在图中出现的长度和角度只用正值 如图9.2所示，在图中用 p 表示线段 SO 时，则该线段的几何长度应用 $-p$ 表示.

注意：这里我们假定光线是从左向右进行的（下同），所得出的结论对于光线从右向左进行的同样适用.

2. 单球面折射成像 如图9.2所示，球面 AOB 是折射率分别为 n 和 n'（$n'>n$）的两种介质的分界面，其半径为 r. 若点光源 S 发出的光线，经球面上的 A 点折射后与主轴交于 S'，在近轴条件下，有

$$\frac{n'}{p'} - \frac{n}{p} = \frac{n'-n}{r} \tag{9.5}$$

式中，p' 为像距；p 为物距；r 为球面折射镜的半径. 式（9.5）就是球面折射的物像关系公式.

3. 单球面反射成像 将式（9.5）中的 n' 取为 $-n$，则可得单球面反射成像公式

$$\frac{1}{p'} + \frac{1}{p} = \frac{2}{r} \tag{9.6}$$

式中，p' 为像距；p 为物距；r 为球面反射镜的半径. 由式（9.6）可以看出，在近轴条件下，对于一个给定的物点，仅有一个像点与之对应，这个像点是一个理想像点，称为高斯像点.

当 $p = -\infty$ 时，$p' = r/2$. 即沿主轴方向的平行光束经球面反射后，成为会聚（或发散）光束，并且会聚光线的交点或发散光线延长线的交点在主轴上，称为反射球面的焦点. 焦点到球面顶点的距离称为焦距，用 f' 表示. 由式（9.6）可得

$$f' = \frac{r}{2}$$

把它代入式（9.6）可得

$$\frac{1}{p'} + \frac{1}{p} = \frac{1}{f'} \tag{9.7}$$

这就是在近轴区域的球面反射成像公式. 球面反射成像公式对凹球面反射镜和凸球面反射镜都是成立的，它是一个普遍适用的物像公式.

4. 平面界面成像

（1）平面界面折射成像　把式（9.5）中的 r 取为无穷大，可得

$$p' = p \frac{n'}{n} \tag{9.8}$$

式（9.8）表明，在小光束范围内所有折射光线的反向延长线近似交于同一点，该点与入射角无关，是一个像点，p' 称为视深度.

（2）平面界面反射成像　将式（9.8）中的 n' 取为 $-n$ 则可得平面界面反射成像公式

$$p' = -p \tag{9.9}$$

这表明，从任一发光点 S 发出的光束，被平面镜反射后，其反射光线的反向延长线交于 S' 点，S' 点是 S 点的虚像，位于平面后，S' 点和 S 点到反射面的距离相等，或者说二者成镜面对称. 若被成像的点是虚发光点，则由平面反射可以产生实像.

例题 9.3　一玻璃球半径为 r，折射率为 n，若以平行光入射，问当玻璃的折射率为多少时会聚点恰好落在球的后表面上？

解　由题意知，$p = -\infty$，$p' = 2r$，$n = 1$，$n' = n$，根据球面折射的物像关系公式

$$\frac{n'}{p'} - \frac{n}{p} = \frac{n' - n}{r}$$

可得

$$n = 2$$

例题 9.4　高 6 cm 的物体距凹面镜顶点 12 cm，凹面镜的焦距是 10 cm，试求像的位置.

解　由题意知，$p = -12$ cm，$f' = -10$ cm，根据球面反射的物像关系公式

$$\frac{1}{p'} + \frac{1}{p} = \frac{1}{f'}$$

可得

$$p' = \frac{f'p}{p - f'} = \frac{(-10) \times (-12)}{(-12) - (-10)} \text{ cm} = -60 \text{ cm}$$

即像的位置在凹面镜的左侧距凹面镜顶点 60 cm 处.

9.2　波动光学基础

9.2.1　光的干涉

1. 光源　凡自身能持续辐射光能的物体统称发光体或光源. 光源可分为天然光源和人

造光源两大类. 天然光源包括太阳、恒星、闪电、萤火虫等；人造光源包括点燃的蜡烛、发光的白炽灯、激光束等，人造光源一定是正在发光的物体.

常用的光源有普通光源和激光光源. 普通光源的发光机制是处于激发态的原子和分子的自发辐射. 大量处于激发态的分子和原子从激发态返回到较低能量状态时，就把多余的能量以光波的形式辐射出来，这便是普通光源的发光. 激光光源的发光机制是处于激发态的原子和分子的受激辐射.

分子或原子从高能级到低能级的跃迁过程经历的时间是很短的，约为 10^{-8} s，这也是一个原子一次发光所持续的时间. 因而它们发出的光波是在时间上很短、在空间中为有限长的一串串波列. 由于各个分子或原子的发光参差不齐，彼此独立，互不相关，因而在同一时刻，各个分子或原子发出波列的频率、振动方向和相位都不相同. 即使是同一个分子或原子，在不同时刻所发出的波列的频率、振动方向和相位也不尽相同.

2. 光的相干性　光波的相干叠加引起光强在空间重新分布的现象称为光的干涉. 要得到稳定的干涉现象，两束光必须满足振动方向平行、频率相同、相位差恒定的条件，干涉现象出现的这些必要条件称为光的相干条件. 满足相干条件的光是相干光，相应的光源称为相干光源. 普通光源发出的光是由光源中各原子或分子发出的相互独立的光波波列组成的，它们彼此之间并没有恒定的相位差，不能满足相干条件. 因而两个独立的普通光源不能构成相干光源，由它们所发出的光不会产生干涉现象. 而即便是同一光源的两个不同部分发出的光，因为类似的原因，它们也不是相干光. 因此，要想获得相干光，通常需要采取一定的措施或方法.

3. 干涉的分类　为了保证相干条件，通常的办法是利用光具组将同一束光一分为二，再使它们经过不同的途径后重新相遇，从而获得相干光并产生稳定的可观测的干涉现象. 为便于讨论，通常把干涉分成两类，即分波面干涉和分振幅干涉.

分波面干涉是将一束光的波面分成两个部分，使之通过不同的途径后再重叠在一起，在一定区域内产生干涉场，杨氏双缝干涉就是其典型实例. 分振幅干涉是利用光在两种透明介质分界面上的反射和折射，将入射光的振幅分解成若干部分，然后再使反射光和折射光在继续传播中相遇而发生干涉，薄膜干涉是其典型实例.

在日常生活中，我们经常见到阳光照射下的肥皂泡、水面上的油膜及一些昆虫的翅膀呈现出五颜六色的花纹，这是太阳光在膜的上、下表面反射后相互叠加产生的干涉现象，称为薄膜干涉. 薄膜干涉可以分为两类，即厚度均匀的薄膜在无穷远处的等倾干涉和厚度不均匀的薄膜表面上的等厚干涉. 由于薄膜干涉时反射光和透射光都来自于入射光，所以它属于分振幅干涉. 以相同倾角入射的光，经均匀薄膜的上、下表面反射后产生的相干光都有相同的光程差，从而对应于干涉图样中的一条条纹，故将此类干涉称为等倾干涉. 当一束平行光入射到厚度不均匀的薄膜上时，在薄膜的表面上也可以产生干涉现象，这种干涉现象称为等厚干涉.

4. 杨氏双缝干涉　图 9.3a 是杨氏双缝干涉的实验装置图. 波长为 λ 的单色光入射到单缝 S 上，形成一个缝光源. 在缝 S 后放置两个与 S 平行的狭缝 S_1 与 S_2，这两条狭缝与 S 间的距离均相等，且 S_1 与 S_2 之间的距离很小. 此时 S_1 与 S_2 形成一对相干光源，从这两条狭缝发出的光频率相同，振动方向平行，相位差恒定，满足相干条件，由它们发出的光在空间相遇时，会产生干涉现象. 如果在双缝后放置一个屏幕 P，则在屏幕上会出现一系列明暗相间的干涉直条纹，这些条纹与狭缝平行，条纹间距相等，如图9.3b所示.

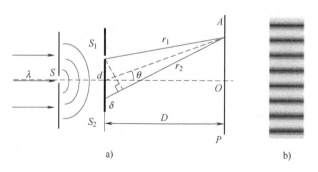

图9.3 杨氏双缝干涉

9.2.2 光的衍射

光的衍射是指光波在其传播过程中遇到障碍物时，能够绕过障碍物边缘进入物体的几何阴影，并在屏幕上出现光强不均匀分布的现象. 衍射和干涉一样，也是波动的重要特征之一.

1. 光的衍射现象 通常我们见到光是沿直线传播的，遇到不透明的障碍物时，会投射出清晰的影子来. 这是因为我们通常遇到的障碍物的尺径都远大于可见光的波长（约在400～760 nm之间），衍射现象不显著. 一旦遇到与波长可比拟的障碍物或孔隙时，光的衍射现象就变得显著起来. 如图9.4所示，图a、b和c是单色光分别通过狭缝、矩形小孔和小圆孔的衍射图样，图d是白光通过细丝时的衍射图样.

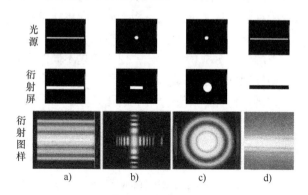

图9.4 衍射图样

由图9.4可以看出，光的衍射现象具有如下特点：

（1）光经过障碍物产生衍射后，其传播方向发生变化，使得由几何光学确定的障碍物的几何阴影内光强不为零；

（2）光屏上出现明暗相间的条纹，即衍射光场内光的能量将重新分布.

光的衍射现象是光的波动性的另一种表现. 通过对各种衍射现象的研究，可以在光的干涉之外，从另一个侧面深入具体地了解光的波动性.

2. 衍射的分类 通常可以根据光源和考察点到障碍物的距离，把衍射现象分为两类：一类是障碍物到光源和考察点的距离都是有限的，或其中之一是有限的，称为菲涅耳衍射，又称为<u>近场衍射</u>，如图9.5a所示；另一类是障碍物到光源和考察点的距离都可认为是无限远的，即照射到衍射屏上的入射光和离开衍射屏的衍射光都是平行光的情况，这种衍射现象称为<u>夫琅禾费衍射</u>，又称为远场衍射，如图9.5b所示. 在实验室中，实际的夫琅禾费衍射可利用两个会聚透镜来实现，如图9.5c所示.

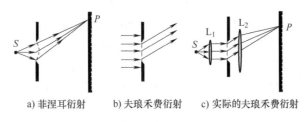

a) 菲涅耳衍射　　b) 夫琅禾费衍射　　c) 实际的夫琅禾费衍射

图9.5　衍射分类

由于实验装置中经常使用平行光束，故夫琅禾费衍射在理论和实际应用上都较菲涅耳衍射更为重要，并且这类衍射的分析和计算也比菲涅耳衍射简单.

3. 夫琅禾费单缝衍射　夫琅禾费单缝衍射的实验光路如图9.6a所示. 点光源 S 发出的光经凸透镜 L_1 变成一束平行光，垂直入射到单缝上，单缝的衍射光再由凸透镜 L_2 会聚到屏幕上，屏上将出现与缝平行的衍射条纹，如图9.6b所示. 根据惠更斯-菲涅耳原理，入射光的波阵面到达单缝时，单缝中波阵面上的各点成为新的子波源，发射初相位相同的子波. 这些子波沿不同的方向传播，并由透镜 L_2 会聚到屏幕上. 例如，

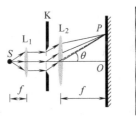

a) 实验光路图　　b) 线光源的单缝衍射图样

图9.6　夫琅禾费单缝衍射

图中沿 θ 方向传播的子波将会聚在屏幕上的 P 点. θ 角称为<u>衍射角</u>，它也是考察点 P 对于透镜 L_2 中心的角位置. 沿 θ 角传播的各个子波到 P 点的光程并不相同，它们之间有光程差，这些光程差将最终决定 P 点叠加后的光振动矢量的大小.

9.2.3　光的偏振

光的干涉和衍射现象显示出光具有波动性质，但这些现象还不能表明光是横波或是纵波. 光的偏振现象从实验上清楚地显示出光的横波性，这一点与光的电磁理论所预言的一致. 可以说，光的偏振现象为光的电磁波本质提供了进一步的证据.

1. 光的偏振性与五种偏振态　光波是电磁波，光波的传播方向是电磁波的传播方向，其电矢量的振动方向和磁矢量的振动方向都与传播速度垂直，因此光波是横波. 由于在光与物质的相互作用过程中，起主要作用的是电矢量，而大多数物质的磁性几乎不变，所以，光在这些介质中传播时，只需要考虑其电矢量的振动，并将电矢量称为<u>光矢量</u>.

由于横波的振动方向垂直于传播方向，因此只有横波才会出现偏振现象. 光的振动方向对于传播方向的不对称性，称为<u>光的偏振</u>. 光在传播过程中，光矢量在与传播方向垂直的平面内可能有不同的振动状态，实际中最常见的光的偏振态大体可分为五种，即自然光、平面偏振光（线偏振光）、部分偏振光、圆偏振光和椭圆偏振光.

如果光在传播过程中电矢量的振动平均说来对于传播方向形成轴对称分布，哪个方向都

不比其他方向更为优越，即在轴对称的各个方向上电矢量的时间平均值是相等的，这种光称为自然光. 如果电矢量的振动只限于某一确定的平面内，这种光称为平面偏振光. 由于平面偏振光的电矢量在与传播方向垂直的平面上的投影是一条直线，所以又称为线偏振光. 电矢量和传播方向所构成的平面称为偏振光的振动面. 如果偏振光的电矢量的振幅在不同方向有不同的大小，这种偏振光称为部分偏振光. 在一个与光的波矢垂直的平面内观察其电矢量，如果电矢量不是在一个固定的平面内振动，而是绕着传播方向匀速旋转，且旋转中电矢量的大小保持不变，其末端点的轨迹呈圆形螺旋状，并且在垂直于传播方向的平面上的投影是圆，这种偏振光称为圆偏振光. 如果光矢量绕传播方向旋转，但其数值做周期性变化，矢量末端点的轨迹呈椭圆形螺线状，并且在垂直于传播方向的平面上的投影是一个椭圆，这种偏振光称为椭圆偏振光.

2. 自然光与线偏振光　普通光源发出的都是自然光. 例如日光、灯光、热辐射发光等. 自然光是由轴对称分布、没有固定相位的大量线偏振光集合而成，如图9.7a 所示. 它可以用两个强度相等、振动方向垂直的线偏振光来表示，如图9.7b 所示. 为方便计，通常以点和带箭头的短线分别表示垂直纸面和在纸面内的光振动，这两个振动方向都与光的传播方向垂直，如图9.7c 所示. 对自然光来说，两个方向振动的强度相等，因此图中点和短线的数目也相等. 需要注意的是，由于自然光中各个光矢量的振动都是相互独立的，所以图9.7b 中所示的两个垂直光矢量分量之间并没有恒定的相位差，不能将它们合成为一个单独的矢量. 因此，自然光相当于被分解为两个强度相等、振动方向垂直且相互独立的线偏振光了，这两个线偏振光的强度各占自然光光强的一半.

如前所述，线偏振光也可以用点或带箭头的短线表示. 如图9.8a、b 所示，分别表示振动方向在纸面内和垂直纸面的线偏振光.

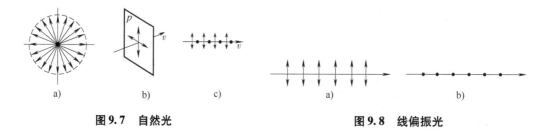

图9.7　自然光　　　　　　　　　　　图9.8　线偏振光

3. 部分偏振光　如果光的偏振性介于自然光和线偏振光之间，则就是部分偏振光，如图9.9 所示. 图9.9a、b 分别表示在纸面内振动较强和垂直纸面振动较强的部分偏振光. 部分偏振光的电矢量的振幅在不同方向有不同的大小，其中在某一个方向上能量具有最大值，表示为I_{max}，在与其垂直的方向上能量具有最小值，记为I_{min}，通常用

$$P = \frac{I_{max} - I_{min}}{I_{max} + I_{min}} \tag{9.10}$$

表示偏振的程度，P 称为偏振度. 可以看出$0 \leqslant P \leqslant 1$. 当$I_{max} = I_{min}$时，$P = 0$，这就是自然光，因此，自然光是偏振度等于0 的光，也叫非偏振光；当$I_{min} = 0$ 时，$P = 1$，就是线偏振光，所以，线偏振光是偏振度最大的光，也叫全偏振光. 部分偏振光可以看作是自然光与线偏振光的叠加.

自然光中电矢量的振动在各个不同方向的强度是相同的，当自然光经过某些仪器后可能变为线偏振光，而一束光是否为线偏振光仅凭人眼无法判断，需要借助一定的仪器进行检验.

4. 起偏和检偏　由自然光获得线偏振光的过程称为起偏，实现起偏的光学元件或装置称为起偏器. 自然光通过起偏器后可以转变为线偏振光. 检验光的偏振特性的过程称为检偏. 用来检偏的光学元件或装置称为检偏器. 实际上，凡是可以作为起偏器的光学元件或装置，也都必然能用作检偏器.

偏振片就是一种常用的起偏器，对入射的自然光，它只能透过沿某个方向的光矢量或光矢量振动沿该方向的分量. 这个透光的方向称为偏振片的透振方向或偏振化方向. 偏振片既可以用作起偏器，也可以用作检偏器. 如图 9.10 所示，P_1 和 P_2 是两块偏振片，其中 P_1 是起偏器，用来产生线偏振光；P_2 是检偏器，用来检验线偏振光.

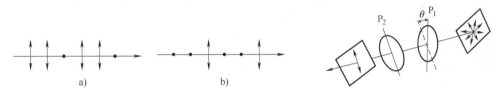

图 9.9　部分偏振光　　　　　图 9.10　起偏和检偏

9.3　激光的特性与应用

激光是受激辐射光放大的简称，它通过辐射的受激发射而实现光放大. 激光技术是 20 世纪 60 年代初期逐渐发展起来的一门新兴技术，并因其众多优点而获得广泛应用. 本节将对激光的产生原理、主要特性及应用等方面进行相关介绍.

9.3.1　激光的原理

光与原子的相互作用，实质上是原子吸收或辐射光子、同时改变自身运动状况的表现. 普通光源的发光都是由于原子的自发辐射产生的. 光源中处于高能级的原子自发地跃迁到低能级，同时放出一个光子，这种现象称为自发辐射，如图 9.11a 所示. 自发辐射是独立进行的，因此发射的光子也是彼此独立的，自发辐射产生的光，无论是频率、振动方向还是相位，都不一定相同，因此不是相干光. 蜡烛、白炽灯、日光灯等普通光源，它们的发光过程都是自发辐射.

1916 年爱因斯坦从理论上指出，除自发辐射外，处于高能级上的粒子还可以另一种方式跃迁到较低能级. 当外来光子作用于原子体系时，若光子的能量恰好与原子某一对能级的能量之差相等，且又有原子正好处于高能级上，则处于高能级上的原子可能在外来光子的诱发下向低能级跃迁，同时发射一个和外来光子完全一样的光子，这个过程称为受激辐射，如图 9.11b 所示. 受激辐射的结果，除原子从高能级回到低能级外，光子也由一个变成两个. 如果处于高能级上的原子数量足够多，那么这两个光子还会陆续诱发其他原子发生受激辐射，从而产生大量相同的光子，形成一束频率、相位、偏振状态、发射方向都与入射光子相同的强光，这意味着原来的光信号被放大了. 这种在受激辐射过程中产生并被放大的光就是激光.

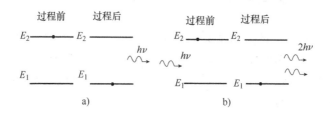

图 9.11 光的辐射过程

能产生激光的装置，称为激光器. 1960 年 9 月，美国物理学家梅曼制造出了世界上第一台红宝石激光器. 1961 年 8 月，我国也研制出了第一台红宝石激光器.

现在，激光器的尺寸大至几个足球场，小至一粒稻谷. 种类已达到数百种，例如气体激光器有氦-氖激光器和氩激光器等；液体激光器有燃料激光器和化学激光器等；固体激光器有红宝石激光器和光纤激光器等；半导体激光器有二极管泵浦激光器和砷化镓半导体激光器等. 每一种激光器都有自己独特的产生激光的方法.

9.3.2 激光的特性

激光具有不同于普通光的一系列性质，主要表现在：

1. 方向性好 激光不像普通光源那样向四面八方传播，而是几乎在一条直线上传播，其方向性很好. 如氦氖激光器发出的光束每行进 200 km，其扩散直径不到 1 m，从地球发射一束激光到月球表面，光斑直径不到 2 km. 良好的方向性使激光是射得最远的光，可广泛应用于测距、通信、定位、准直等方面. 用激光测定地球与月球的距离，精度可以达到 ±15 m左右.

2. 单色性好 光的颜色取决于光的波长，通常把亮度为最大亮度一半的两个波长间的宽度定义为这条光谱线的宽度，谱线宽度越小，光的单色性越好. 普通光源发出自然光的光子频率各异，含有各种颜色，如可见光部分的颜色有七种，每种颜色的谱线宽度为 40 ~ 50 nm. 激光则由于受激辐射的原理及光学谐振腔的选频作用，使其具有很好的单色性. 例如普通光源中单色性最好的氪灯，其谱线宽度为 4.7×10^{-4} nm，而氦氖激光器输出的红色激光的谱线宽度则小于 10^{-8} nm，两者相差数万倍. 故激光器是目前世界上最好的单色光源，其良好的单色性使激光在测量上优势极为明显，为精密测量和科学实验提供了良好的光源，还可以激光波长作为标准进行精密测量及激光通信等.

3. 相干性好 自发辐射产生的普通光是非相干光. 而激光的产生原理是受激辐射，受激辐射光子的特性使激光具有良好的相干性.

4. 能量集中 普通光源发光是向很大的角度范围内辐射，如电灯泡不加约束时会向四面八方辐射. 激光的方向性好，几乎是平行光，经透镜会聚后可以集中在很小的一个范围内，因此其能量可高度集中，激光的亮度也可达到普通光源的上百万倍. 激光的这一特性，已在精密机械加工和医学等领域中得到广泛应用.

9.3.3 激光的应用

由于激光具有突出的特性，因此自诞生以来，激光技术得到了飞速发展，它使人们获得了空前的效益和成果，极大地促进了生产力的发展. 目前激光几乎是无处不在，它已经被用在生活、生产的方方面面：激光通信、激光光盘、激光照排、激光手术刀、激光钻孔、激光切割、激光焊接、激光淬火、激光热处理等.

1. 激光通信　激光通信是把激光作为信息载体实现通信的一种方式，可取代或补偿目前的微波通信. 它包括激光大气传输通信、卫星激光通信、光纤通信和水下激光通信等多种方式. 激光通信具有信息容量大、传送线路多、保密性强、可传送距离远、设备轻便、费用低廉等优点.

2. 激光照相排版　激光照相排版是通过计算机把文字和图像变成点阵，然后控制激光扫描感光相纸，再经过显影和定影就形成照相底片，然后就可以用载着文字和图像的底片去印书报、杂志了. 激光照相排版比起普通照相排版要迅速、简便得多. 由于激光的亮度高、颜色纯，可以大大改善图像的清晰度，印出来的书质量很高.

3. 激光手术　用激光可以焊接脱落的视网膜. 人的眼睛很像照相机，瞳孔和瞳孔后的晶状体是一个光线可以进入的"窗口"，激光束可以从这里射入眼内. 晶状体像透镜一样，把激光聚焦在视网膜上. 焦点非常小，只有几十微米，和头发丝直径差不多，因此能量高度集中，温度可达 1 000 多摄氏度，用它来做精确度很高的眼科手术非常理想.

4. 激光钻孔　激光钻孔是利用激光束聚焦使金属表面焦点温度迅速上升，温升可达每秒 100 万摄氏度. 当热量尚未发散之前，光束就烧熔金属，直至汽化，留下一个个小孔. 激光钻孔不受加工材料的硬度和脆性的限制，而且钻孔速度异常快，可以在 $10^{-6} \sim 10^{-3}$ s 间钻出小孔. 激光钻孔还可用来加工手表钻石，每秒钟可以钻 20～30 个孔，比机械加工效率高几百倍，而且质量高.

移动工件或者移动激光束，使钻出的孔洞连成线，即为激光切割. 不论是什么样的材料，如钢板、钛板、陶瓷、石英、橡胶、塑料、皮革、化纤、木材等，激光都像一柄削铁如泥的光剑，而且，切割的边缘非常光洁.

5. 激光焊接　激光焊接是利用激光的高功率密度进行焊接的技术. 所谓高功率密度，是指在每平方厘米面积上能集中极高的能量. 激光不仅可以焊接一般的金属材料，还可以焊接又硬又脆的陶瓷. 不小心打破碗碟，也用不着慌惜，只要用激光焊接机就可以重新将破片焊好，甚至连疤痕也难以发现呢！

6. 激光淬火　激光淬火是用激光扫描刀具或零件中需要淬火的部分，使被扫描区域的温度升高，而未被扫描到的部位仍维持常温. 由于金属散热快，激光束刚扫过，这部分的温度就急骤下降. 降温越快，硬度也就越高. 如果再对扫描过的部位喷射速冷剂，就能获得远比普通淬火要理想得多的硬度.

激光特别适用于精密、微量加工，它已经成为精密机械加工工业上的一种重要加工设备. 比如激光微型焊接、激光在微电阻上刻划以便调整阻值，在微电子工业中就是必不可少的.

7. 激光存储　激光光盘是利用激光记录和再现信息的一种新技术. 与磁盘相比，光盘具有更大的信息存储密度，因为激光聚集后光束直径可达微米量级. 一张直径为 12 cm 的普通 DVD 光盘可存储数十亿个文字信息. 另外激光束读出信息是非接触式的，不会损伤记录介质，使用寿命长.

8. 激光武器　激光武器是一种利用沿一定方向发射的激光束攻击目标的定向能武器，具有快速、灵活、精确和抗电磁干扰等优异性能，在光电对抗、防空和战略防御中可发挥独特作用.

激光武器可分为战术激光武器和战略激光武器两种. 它将是一种常规威慑力量. 由于激光武器的速度是光速, 因此在使用时一般不需要计算提前量, 有很大的发展前景.

9. 激光全息照相 全息照相是指既能记录光波振幅的信息, 又能记录光波相位信息的摄影. 普通照相是记录物体面上的光强分布, 它不能记录物体反射光的相位信息, 因而失去了立体感. 激光全息照相采用激光作为照明光源, 并将光源发出的光分为两束, 一束直接射向感光片, 另一束经被摄物的反射后再射向感光片. 两束光在感光片上叠加产生干涉, 感光底片上各点的感光程度不仅随强度也随两束光的相位关系而不同. 所以全息照相不仅记录了物体上的反光强度, 也记录了相位信息. 人眼直接去看这种感光的底片, 只能看到像指纹一样的干涉条纹, 但如果用激光去照射它, 人眼透过底片就能看到原来被拍摄物体完全相同的三维立体像. 一张全息照相图片即使只剩下一小部分, 依然可以重现全部景物. 全息照相可应用于工业上进行无损探伤、超声全息、全息显微镜、全息照相存储器、全息电影和电视等许多方面.

10. 激光冷却与原子囚禁 囚禁原子或离子, 通常采用冷却并加磁场与激光, 理论和实验都成功地证实了原子囚禁的存在. 激光冷却是实现原子囚禁的有效方法, 当原子冷却到接近绝对零度时, 其速度可以降低到 0.1 m/s 的数量级, 在此基础上加入磁场, 使原子囚禁的时间大大增加. 从而实现原子在很小空间的囚禁. 量子计算机不仅具有速度快、体积小的诱人优点, 还具有电子计算机不可具备的功能, 那就是量子计算机的量子逻辑门具有 "0" 和 "1" 的叠加态, 因而可进行随机问题的计算. 而普通电子计算机的逻辑门只有 "0" 和 "1" 两个态, 它给出的随机数, 实际上都是人为设定的. 实现量子计算机的第一点, 必须能囚禁并控制单个的原子或离子, 粒子阱技术的研究和发展与此有着密切关系. 此外, 粒子阱技术还可应用于许多重要的测量及控制.

激光冷却是利用激光和原子的相互作用减速原子运动以获得超低温原子的高新技术. 这一重要技术早期的主要目的是为了精确测量各种原子参数, 用于高分辨率激光光谱和超高精度的量子频标 (原子钟), 后来成为实现原子玻色-爱因斯坦凝聚的关键实验方法. 20 世纪初人们就注意到光对原子有辐射压力作用. 激光器发明之后, 由于激光是相干光, 当相干光与原子发生共振时, 原子吸收光子的截面很大, 原子受到的光压就很大, 利用光压发展了改变原子速度的技术. 人们发现, 当原子在频率略低于原子跃迁能级差且相向传播的一对激光束中运动时, 由于多普勒效应, 原子倾向于吸收与原子运动方向相反的光子, 而对与其相同方向行进的光子吸收概率较小; 吸收后的光子将各向同性地自发辐射. 平均地看来, 两束激光的净作用是产生一个与原子运动方向相反的阻尼力, 从而使原子的运动减缓 (即冷却下来). 1985 年, 美国国家标准与技术研究院的菲利浦斯和斯坦福大学的朱棣文首先实现了激光冷却原子的实验, 并得到了极低温度 (24 μK) 的钠原子气体. 他们进一步用三维激光束形成磁光将原子囚禁在一个空间的小区域中加以冷却, 获得了更低温度的 "光学粘胶". 之后, 许多激光冷却的新方法不断涌现, 其中较著名的有 "速度选择相干布居囚禁" 和 "拉曼冷却", 前者由法国巴黎高等师范学院的柯亨-达诺基提出, 后者由朱棣文提出, 他们利用这种技术分别获得了低于光子反冲极限的极低温度. 此后, 人们还发展了磁场和激光相结合的一系列冷却技术, 其中包括偏振梯度冷却、磁感应冷却等. 朱棣文、柯亨-达诺基和菲利浦斯三人也因此而分享了 1997 年诺贝尔物理学奖. 激光冷却有许多应用，如原子光学、原子刻蚀、原子钟、光学晶格、光镊子、玻色-爱因斯坦凝聚、原子激光、高分辨率光谱以及光和物质的相互作用的基础研究等.

此外，还有激光防伪、激光打印. 激光还可以用来测距离，测液体、气体的流速，测转速，测间隙，测细丝直径，测钢板厚度，测高电压、大电流，测微粒大小，测材料表面质量，测材料的化学成分等，不胜枚举.

在不久的将来，激光会有更广泛的应用.

习 题

一、判断题

9.1 光密介质和光疏介质是相对而言的. 同一种介质，相对于其他不同的介质，可能是光密介质，也可能是光疏介质.   （   ）

9.2 如果光线从光疏介质进入光密介质，则无论入射角多大，都会发生全反射现象.
                                                        （   ）

9.3 在光的反射和折射现象中，均遵循光的反射定律，光路均是可逆的.   （   ）

9.4 折射率跟折射角的正弦成正比.   （   ）

9.5 若光从空气中射入水中，它的传播速度一定增大.   （   ）

9.6 光的干涉和衍射现象说明了光是波，也能说明光是横波.   （   ）

9.7 在双缝干涉实验中，双缝的作用是使一束光变成两束完全相同的相干光. （   ）

9.8 太阳光在水面的反射光一般情况下是部分偏振光.   （   ）

二、填空题

9.1 折射定律是指折射光线与入射光线、法线处在_____内，折射光线与入射光线分别位于法线的两侧；入射角的正弦与折射角的正弦成正比.

9.2 光在真空中的传播速度是_____ m/s.

9.3 光年就是光在 1 年内通过的距离，因此，1 光年约等于_____ km.

9.4 光的相干条件是两束光的频率相同、振动方向平行、且具有_____.

9.5 只有当障碍物的尺寸与光的波长_____，甚至比光的波长还小时，衍射现象才会明显.

9.6 衍射分为菲涅耳衍射和_____两大类.

9.7 光的偏振现象证明了光波是_____.

三、选择题

9.1 关于光的折射，下列说法正确的是   （   ）

A. 折射光线一定在法线和入射光线确定的平面内；

B. 折射光线、法线和入射光线不一定在一个平面内；

C. 入射角总大于折射角；

D. 入射角总等于折射角.

9.2 一束光线从空气中斜射向水面时，会发生   （   ）

A. 只发生折射现象，折射角小于入射角；

B. 只发生折射现象, 折射角大于入射角;

C. 同时发生反射和折射现象, 折射角小于入射角;

D. 同时发生反射和折射现象, 折射角大于入射角.

9.3 下列现象中, 哪一个不属于光的折射现象   (   )

A. 站在清澈的湖边, 看到湖底好像变浅了;

B. 潜水员站在水下看岸上的景物比实际的高;

C. 人在河边可以看到水底的物体;

D. 平静的湖面上清晰地映出岸上的物体.

9.4 关于杨氏双缝干涉实验, 下列说法正确的是   (   )

A. 单缝的作用是获得频率相同的两相干光源;

B. 双缝的作用是获得两个振动情况相同的相干光源;

C. 光屏上距两缝的路程差等于半个波长的整数倍处出现暗条纹;

D. 照射到单缝的单色光的频率越高, 光屏上出现的条纹越宽.

9.5 让太阳光垂直照射一块遮光板, 板上有一个可以自由收缩的三角形孔, 当此三角形孔缓慢缩小直至完全闭合时, 在孔后的屏上将先后出现   (   )

A. 由大变小的三角形光斑, 直至光斑消失;

B. 由大变小的三角形光斑、明暗相同的彩色条纹, 直至条纹消失;

C. 由大变小的三角形光斑, 明暗相间的条纹, 直至黑白色条纹消失;

D. 由大变小的三角形光斑、圆形光斑、明暗相间的彩色条纹, 直至条纹消失.

9.6 在五彩缤纷的大自然中, 我们常常会见到一些彩色光的现象, 下列现象中哪一个不属于光的干涉现象   (   )

A. 实验室用双缝实验得到的彩色条纹;

B. 小孩儿吹出的肥皂泡在阳光照耀下出现的彩色现象;

C. 雨后天晴马路上油膜在阳光照耀下出现的彩色现象;

D. 用游标卡尺两测量爪的狭缝观察日光灯的灯光所出现的彩色现象.

四、简答题

9.1 什么是几何光学?

9.2 什么是光的反射定律?

9.3 光的相干条件是什么?

9.4 薄膜干涉可以分为哪两类?

9.5 衍射可以分为哪两类?

9.6 光的干涉和衍射现象说明了光具有波动性, 而光的偏振现象说明了什么?

9.7 什么是激光?

9.8 与普通光相比激光主要有哪些特性?

五、计算题

9.1 如果玻璃的折射率为 1.50, 则光在玻璃中的传播速度为多少?

9.2 光从空气射入某介质时, 入射角是 60°, 折射角是 30°. 则

(1) 这种介质的折射率是多少?

(2) 光在这种介质中的传播速度是多少?

9.3 高 5 cm 的物体距凹面镜顶点 15 cm，凹面镜的焦距是 10 cm，试求像的位置.

六、论述题

9.1 请联系自己的学习、生活实际，谈谈对"激光"的理解、认识及应用. （题目自拟，写一篇不少于 800 字的议论文）

第 10 章　原子与原子核物理学

> 　　物理学是研究物质的基本结构、基本运动形式、相互作用的自然科学. 原子物理学是物理学的一个分支, 主要研究物质结构的一个层次, 这个层次介于分子与原子核两层次之间, 称之为原子, "原子"一词来自希腊文, 意思是"不可分割的". 原子核物理学是物理学的另一个分支, 主要研究物质结构的原子核层次, 它是比原子层次更小的层次.
>
> 　　本章首先介绍原子结构模型、原子核的组成、天然放射性现象等; 然后讨论核能、重核裂变和轻核聚变及其应用等.

10.1　原子结构

10.1.1　原子结构模型

　　在 19 世纪以前, 人们一直认为原子是组成物质的最小单元, 是不可再分的. 1897 年, 英国物理学家汤姆孙通过对阴极射线的研究发现了电子, 表明电子是原子的组成部分. 电子是带负电的, 而原子是中性的, 可见原子内部还有带正电的物质. 这些带正电的物质和带负电的电子是怎样构成原子的, 就成了当时物理学家们最关心的问题之一.

　　1897 年汤姆孙发现电子之后, 提出了原子的"葡萄干蛋糕"模型——西瓜模型假说. 该模型认为原子中正电荷以均匀的密度分布在整个原子小球中, 电子则均匀地浸浮在这些正电荷中, 如图 10.1 所示. 该模型虽然能解释原子为何呈现中性等现象, 但不久就被新的实验事实否定了.

**图 10.1　原子结构的
葡萄干蛋糕模型**

　　为了验证汤姆孙这一理论模型, 1909 年英国物理学家卢瑟福进行了 α 粒子的散射实验. 实验装置如图 10.2 所示, 图中 R 是放射源镭, 从中放出 α 粒子, 粒子的质量为电子质量的 7 400 倍, 带电量为 +2e. 粒子通过小孔 S 后照射在金箔 F 上, 被 F 散射后向各个方向运动. 探测器 P 可以在绕 O 点的平面内转动, 从而可以测定在不同散射角 θ 上的 α 粒子数.

　　实验结果显示, 绝大多数 α 粒子穿过金箔后沿着原来方向或沿着散射角很小（θ 只有 2° ~ 3°）的方向运动. 但是有极少数的 α 粒子的散射角 θ 大于 90°, 甚至有的 α 粒子的散射角接近 180°, 如图 10.3 所示. 这一实验结果与汤姆孙的原子模型不相符. 为了解释实验结果, 卢瑟福放弃了汤姆孙的模型, 而提出了自己的理论. 他认为只有原子的质量集中于中心, 且带正电荷, 才能使极少数 α 粒子发生大角度散射. 卢瑟福于 1911 年提出了一种有核模型, 即原子的行星模型. 该模型的主要观点是, 原子的中心有一带正电的原子核, 它几乎集中了原子的全部质量, 电子围绕这个核旋转, 核的体积与整个原子相比是很小的.

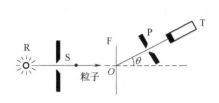

图 10.2　α粒子散射实验

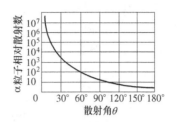

图 10.3　α粒子散射数量随角度的变化

由于原子核很小, 绝大多数 α 粒子穿过原子时, 因受原子核的作用很小, 故它们的散射角 θ 很小. 只有少数 α 粒子进入到距原子核很近的地方, 这些 α 粒子受核的作用较大, 所以它们的散射角较大. 极少数 α 粒子正对原子核运动, 它们的散射角接近 180°. 散射角越大, α 粒子数越少.

按照原子有核模型, 氢原子由原子核和一个核外电子组成. 核外电子绕原子核做圆轨道运动. 电子的电荷为 $-e$, 原子核的电荷为 $+e$, 原子核的质量约为电子质量的 1 837 倍.

10.1.2　原子核的组成

根据 α 粒子散射实验的数据, 可以估算出原子核的半径为 $10^{-14} \sim 10^{-15}$ m, 而原子的半径约为 10^{-10} m, 所以, 原子核的半径只相当于原子半径的万分之一, 原子核的体积只相当于原子体积的万亿分之一. 如果把原子放大成一座能容纳万人的体育馆, 那么原子核只相当于一个乒乓球.

1919 年, 卢瑟福做了用镭放射出的 α 粒子轰击氮原子核的实验, 他发现某些 α 粒子钻进了氮原子核, 并把氮核内的一个粒子驱逐出来, 使氮核变成一个新的原子核.

为了了解这个从氮原子核里被驱逐出来的新粒子的性质, 卢瑟福就在这个实验装置里加进电场和磁场, 并根据它在电场和磁场中的偏转, 测出了它的质量和电荷, 从而确定了这个新粒子就是氢原子核, 他把它称为质子. 以后, 人们用同样的方法从氟、钠、铝等原子核中都打出了质子, 表明质子是原子核的组成部分.

1932 年, 英国物理学家查德威克重复了德国物理学家波特和法国的约里奥·居里夫妇的实验, 先用 α 粒子轰击铍, 再用铍产生的穿透力极强的射线轰击氢、氮, 结果打出了氢核和氮核. 查德威克测量了被打出的氢核和氮核的速度, 并由此推算出这种射线粒子是一种质量跟质子差不多的中性粒子, 并将其命名为中子. 后来人们又从其他许多原子核里都打出中子来, 从而表明中子也是原子核的组成部分.

自从质子和中子被发现后, 德国的海森伯和苏联的伊万年科各自提出了原子核是由质子和中子构成的假设, 如图 10.4 所示. 由这种假设演绎出的一些结论与大量实验结果相符合, 因而这种假设很快被人们所公认, 质子与中子统称为核子.

10.1.3　天然放射现象

1896 年, 法国物理学家贝可勒耳在实验中首先发现, 铀能放出肉眼看不见的使照相底片感光的某种射线. 法国科学家皮埃尔·居里和玛丽·居里夫妇对此进行了深入的研究, 又发现钋、镭也能够放射出使照相底片感光的射线.

像铀、钍、镭等物质放射射线的性质称为放射性．具有放射性的元素称为放射性元素．原子序数大于 82 的所有元素，都具有放射性．原子序数小于 83 的元素，有的也具有放射性．元素这种自发地放出射线的现象称为天然放射现象．

通过对放射性现象的研究发现，放射性元素发出的射线，在垂直穿过磁场时分成三束，如图 10.5 所示．根据电磁学的知识可判断出，中间一束射线是不带电的，另两束射线分别带正、负电荷，人们把这三束射线分别称为 α 射线、β 射线和 γ 射线．

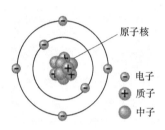

图 10.4　原子核的组成

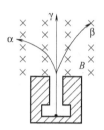

图 10.5　三束射线

α 射线是由氦原子核组成的粒子流（即 α 粒子），很容易使气体电离，使底片感光的本领也很强．但贯穿本领最弱，用一张纸就可以挡住．

β 射线是高速电子流（即 β 粒子），其电离作用较弱，贯穿本领较强．要阻挡 β 射线，就需要用 6 mm 厚的铝板了．

γ 射线是波长极短的电磁波（即光子），其电离作用最弱，贯穿本领最大，要用几厘米厚的铅或几十厘米厚的混凝土墙才能阻止它．

过量的放射线照射会对人产生巨大的危害，被照射的皮肤和肌肉会溃烂不愈，严重者可导致人死亡．发现镭的居里夫人，在长期研究工作中，遭到过量的辐射，因患上再生障碍性贫血病而付出了宝贵的生命．图 10.6 所示的图标是国际通用的放射性物质的标志，大家要培养对放射性物质的防范意识，尽可能地远离放射源．

放射性辐射不能被人体感官（如触觉、视觉等）感受到，但可以用专门仪器测出来．度量人体所接受辐射剂量的单位是希沃特（Sv）．

天然辐射从宇宙中来，自古以来，辐射便在大自然环境里无所不在，在我们生活中的岩石、泥土、水、空气中到处都有．不仅地面、建筑材料、食物中的放射性物质会发出辐射，甚至人体也会发出辐射．

图 10.6　放射性物质的标志

人体在接受微量的辐射时不会遭到损伤，但若突然受到大剂量辐射，超过 1 Sv，会引致急性辐射伤害，并生成短期症状，如胸闷、呕吐、极度疲倦和脱发等现象；若所受辐射剂量达到 10 Sv 以上而又缺乏适当治疗，则会有生命危险．此外，辐射会增加患癌和子女出现遗传缺陷的机会．

我们目前接受的辐射剂量中有 82% 是来自自然界，18% 来自人为来源．一个人一年受到天然和人为放射性辐射的总剂量约为 2 mSv．因利用核能发电而使公众受到的辐射剂量在总剂量中占 1%．我国在放射性管理方面有很多严格的限值规定，目前运行中的核电站对周围居民的照射均远远低于规定标准．在核电站正常运行的情况下，核电站的工作人员一年受到的照射剂量仅相当于我们通常做的一次 X 光检查.

在一个铺有大理石地面的大厅里,环境监测人员测得此时这个室内的瞬时辐射剂量是每小时 0.1 μSv. 而核电站中所有带有放射性的物质和工艺流程都被严严地包在安全壳里,反应堆安全壳旁边环境的瞬时辐射剂量只有每小时 0.08 μSv.

10.2　核能与核技术

10.2.1　核能

世界上的资源有三类:物质资源、能量资源和信息资源. 信息、物质和能量是构成客观世界的三大要素. 物质为客观世界的构成提供材料;能量为物质运动提供动力;信息沟通世界上各种事物的联系,从而建立和维持客观世界的有序性. 没有物质,就没有世界;失去能量,世界将毁灭;离开信息,世界便是一个混沌杂乱的空间. 人类活动的本质,不管是自觉的还是不自觉的,都是在力所能及的范围内,最大限度地获取信息、利用能源、加工物质、为己所用.

自然界中能够产生能量的资源称为能源. 它可以分为一次能源和二次能源;也可以分为常规能源和新能源. 一次能源:直接使用的能源产品,如原煤、原油、天然气、太阳能、水能、风能、地热能等;二次能源:经过加工、转换后的能源产品,如焦炭、电力、热水、蒸汽、煤气、液化气、各种石油制品等. 常规能源:人们已经利用多年的能源,如煤、石油、水能等;新能源:最近几十年才开始利用的能源,如太阳能、核能、潮汐能、地热能等.

当今世界能源结构主要有石油、煤炭、天然气等化石能源构成. 伴随着世界经济的高速增长,化石能源的储量正在快速减少,并且化石能源使用过程中产生大量的二氧化硫、一氧化碳、烟尘、放射性飘尘、氮氧化物、二氧化碳等温室气体. 温室气体引起的温室效应所产生的一系列环境问题使世界各国的生存和发展都面临着巨大考验. 由于全球变暖使海平面上升,导致南太平洋中的马绍尔群岛、基里巴斯以及吐瓦鲁等岛国有可能完全被海水淹没,这几个小岛国的人民毫无选择的必须迁移至其他地方. 这些气体的大量排放还导致臭氧层破坏和生态环境的巨大破坏. 2009 年 12 月 7~18 日,在丹麦哥本哈根举办的最近一次联合国气候变化大会,吸引了 200 多个国家和地区的代表参加,其中包括美、中、俄、日等国的 110 多位国家元首和政府首脑出席会议. 大会就抑制全球变暖达成重要共识,即开发和利用新型能源、发展低碳经济. 核能、风能和太阳能都具有储量丰富、清洁环保等显著优点. 但是风力发电有易受地域限制,能量密度低,具有间歇性等特点,并且目前风力发电还未成熟,还有相当的发展空间. 因此风力发电的规模较小. 现在太阳能发电技术普遍存在光电转换效率低下,造价较高等缺点限制了其大规模的开发、利用. 目前,比较成熟并已在工业规模的应用的是核裂变能. 核能不仅单位质量产生的能量大,而且资源丰富. 据初步统计,地球上已勘探到的铀矿和钍矿资源,按蕴藏的能量计算,相当于地壳中有机燃料能量的 20 倍,如果将可控聚变反应产生的能量用于工业,那么人类从此就不必为能源供应担忧了. 因此核电作为一种重要的清洁能源被大力推广利用. 目前世界上拥有核电站的国家和地区已超过 30 个,其中 16 个国家和地区核电发电量占本国(本地区)发电量的比例超过 30%,法国比例最高,达到 78%. 世界各国(地区)核电发电量占本国(地区)发电量比例如图 10.7 所示.

当前我国核电发电量占全国总发电量的比例约为 1.92%,远低于世界平均水平 17%.

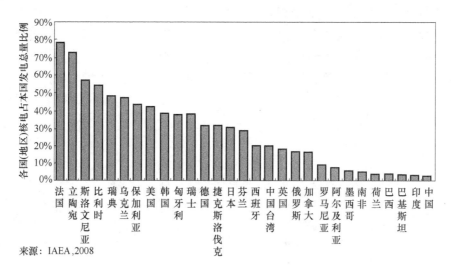

来源: IAEA, 2008

图 10.7　世界各国（地区）核电发电量占本国（地区）发电量比例

目前，全国已有 11 台核电反应堆投入商业运行，净装机容量为 8 587 MW（兆瓦，10^6 W），另有 11 座共 11 020 MW 的核电反应堆在建，两者合计 19 607 MW. 我国核电装机容量在世界排十名以后，这与我国全球第二电力大国的地位极不相称. 不过，我国是全球核电发展潜力最大的国家，全部在建、规划和拟建的核电装机容量高达 96 960 MW，占全球 23%，为世界第一. 根据 2007 年国家出台的《核电中长期发展规划》，全国投运核电装机容量到 2020年时要达到 40 000 MW，核电年发电量达到 260 ~ 280 TWh（10^9 kWh），同时，2020 年末在建核电容量保持 18 000 MW 左右. 近日，国家能源局表示，我国正在调整核电发展规划，将 2020 年的核电目标调高至 70 000 MW 以上，在建规模达 30 000 MW，合计 100 000 MW 以上，核电占电力总装机容量的比例力争达到 5% 以上.

　　20 世纪初期，核物理的迅速发展为核能的利用奠定了良好的理论和实验基础. 1941 年冬，费米用芝加哥大学的一座运动场的看台下作为实验区，开始了核反应实验. 设计方案为将反应堆做成立方点阵形式，铀层和石墨层间隔地布置在方阵中. 12 月 1 日反应堆砌好，并达到临界状态. 次日抽出控制用的镉棒，自持的链式反应产生了，得到的功率为 0.5 W，标志着人类第一次实现了原子能的可控释放. 1951 年，美国首次在爱达荷国家反应堆试验中心进行了核反应堆发电的尝试，发出了 100 kW 的核能电力，为人类和平利用核能迈出了第一步. 1954 年 6 月，苏联在莫斯科附近的奥勃宁斯克建成了世界上第一座向工业电网送电的核电站，功率为 5 000 kW. 随着经济发展和能源供给的矛盾日益突出，世界各国纷纷建造核电站.

10.2.2　重核裂变

1. 裂变　1939 年 12 月，德国物理学家哈恩和他的助手斯特拉斯曼发现，用中子轰击元素周期表中的第 92 号元素铀时，铀核发生了分裂，变成了钡、镧等一些中等质量的原子核. 后来科学家们把这种重原子核分裂成两个中等质量原子核的过程，称为裂变. 例如

$$n_0^1 \rightarrow U_{92}^{235} \Rightarrow Ba_{56}^{141} + Kr_{36}^{92} + 3n_0^1 \tag{10.1}$$

科学家们发现，重核裂变反应后的产物的总质量比反应前的反应物的总质量减少，这种现象称为质量亏损.

爱因斯坦的质能关系指出, 物体的能量和质量之间存在着密切的联系. 重核裂变时出现质量亏损, 必然要放出能量. 我们把这种在核反应中放出的能量称为<u>核能</u>.

$$E = mc^2 \tag{10.2}$$

经过计算发现, 如果 1 kg 铀全部裂变, 放出的能量超过 2 000 t 优质煤完全燃烧时释放的能量.

2. 链式反应 由于一般情况下, 铀核裂变时总要释放出 2～3 个中子, 这些中子又会引起其他铀核的裂变, 这样, 裂变反应就会不断地进行下去, 释放出越来越多的能量, 这就是<u>链式反应</u>, 如图 10.8 所示.

3. 应用 铀块的体积对于产生链式反应是一个重要因素. 因为原子核非常小, 如果铀块的体积不够大, 中子从铀块中通过时, 可能还没有碰到铀核就跑到铀块外面去了. 能够发生链式反应的铀块的最小体积称为它的临界体积. 如果铀的体积超过了它的临界体积, 只要有中子进入铀块, 会立即引起铀核的链式反应, 在极短的时间内就会释放出大量的核能, 发生猛烈的爆炸. 原子弹、核电站、核潜艇等都是根据重核裂变的原理建造的.

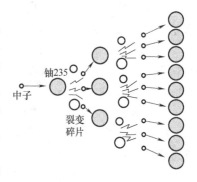

图 10.8 链式反应

原子弹是核武器之一, 是利用核反应的光热辐射、冲击波和感生放射性造成杀伤和破坏作用, 并造成大面积放射性污染, 阻止对方军事行动以达到战略目的的大杀伤力武器. 主要包括裂变武器 (第一代核武, 通常称为原子弹) 和聚变武器 (亦称为氢弹, 分为两级及三级式). 亦有些还在武器内部放入具有感生放射的轻元素, 以增大辐射强度扩大污染, 或加强中子放射以杀伤人员 (如中子弹).

1964 年 10 月 16 日, 中国自行研制的第一颗原子弹爆炸成功, 如图 10.9 所示, 打破了超级大国的核垄断、核讹诈政策, 为中华人民共和国做出了巨大贡献.

原子弹爆炸时链式反应的速度是无法控制的, 为了用人工方法控制链式反应的速度, 使核能比较平缓地释放出来, 人们制成了核反应堆. 反应堆用浓缩铀作为核燃料, 用石墨、重水或普通水作为中子的减速剂, 用易于吸收中子的金属镉做成控制棒, 控制裂变反应速度, 反应堆的示意图如图 10.10 所示.

图 10.9 原子弹

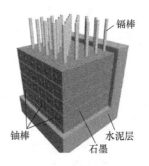

图 10.10 反应堆

当反应过于激烈时, 使镉棒插入深一些, 让它多吸收一些中子, 反应速度就会慢下来.

用计算机自动地调节镉棒的升降,就能使反应堆保持一定的功率安全地工作.

反应堆工作时,核燃料裂变释放出的核能转变为热能,使反应堆的温度升高.为了控制反应堆的温度,使它能正常工作,需要用水等流体作冷却剂,在反应堆内外循环流动,不断地带走热能.这些热能将水转变为蒸汽,蒸汽又推动蒸汽轮机发电.核电站的结构示意图如图 10.11 所示.

为了防止铀核裂变过程中放出的各种射线对人体的危害,在反应堆的外面要修建很厚的水泥防护层,用来屏蔽射线,不让它们透射出来.对放射性的核废料,要装入特制的容器,埋入地层深处.核电站消耗的燃料很少,一座百万千瓦级的核电站,每年只消耗 30 t 左右的浓缩铀,而同样功率的火电站,每年要消耗250 万 t 左右的煤.

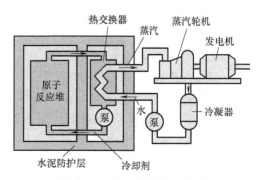

图 10.11 核电站结构示意图

根据国际原子能机构 2005 年 10 月发表的数据,自 1954 年世界上第一座核电站建成以来,全世界已有 31 个国家和地区建成了 400 多个核电站,核电年发电量占全世界发电总量的 17%.

目前,我国共有浙江秦山核电站、广东大亚湾核电站、秦山二期核电站、广东岭澳核电站、秦山三期核电站、江苏田湾核电站 6 座核电站,11 台核电机组投入商业运行,装机总容量达到 900 万千瓦,核电发电量占全国总发电量的 2.3%,一些新的核电站(岭澳二期、秦山二期扩建、红沿河一期、浙江三门一期、山东海阳一期、广东阳江、福建宁德等)正在建设中.预计到 2020 年,我国还将建设 30 台左右的百万级核电机组,核电装机容量将达到 4 000 万千瓦,核电在全国发电装机容量中的比例将占到 4%.如表 10.1 所示.

表 10.1 我国筹建中的核电站

序号	核电站名称	主 要 股 东	采用的技术	计划建设台数
1	湖南益阳桃花江核电站	中核	M310	4
2	湖北咸宁大畈核电站	中广核	待定	4
3	江西彭泽核电站	中电投	AP1000	4
4	海南昌江核电站一期	中核	CNP650	4
5	广东陆丰核电站一期	中广核	CPR1000	6
6	广西红沙核电站	中广核	CPR1000	6
7	辽宁徐大堡核电站	中核	待定	6
8	重庆涪陵核电站	中电投	AP1000	4
9	广东海丰核电站	中核	待定	8
10	四川三坝核电站	中广核	待定	4
11	浙江龙游核电站	中核	待定	4
12	辽宁东港核电站	中国华电	待定	4
13	安徽芜湖核电站	中广核	待定	4
14	河南南阳核电站	中核	待定	6

（续）

序号	核电站名称	主要股东	采用的技术	计划建设台数
15	湖南小墨山核电站	中电投	AP1000	6
16	吉林靖宇核电站	中电投	AP1000	4
17	安徽吉阳核电站	中核	待定	4
18	福建漳州核电站	中电投	AP1000	6
19	福建三明核电站	中核	CPR1000	4
20	广东揭阳核电站	中广核	AP1000	6
21	广东韶关核电站	中广核	待定	4
合计				102

　　核潜艇是潜艇中的一种类型，指以核反应堆为动力来源设计的潜艇，如图 10.12 所示．由于这种潜艇的生产与操作成本，加上相关设备的体积与重量，只有军用潜艇采用这种动力来源．核潜艇水下续航能力能达到 20 万海里，自持力达 60～90 天．世界上第一艘核潜艇是美国的"鹦鹉螺"号，1954 年 1 月 24 日首次开始试航，它宣告了核动力潜艇的诞生．目前全世界公开宣称拥有核潜艇的国家有六个，分别为：美国、俄罗斯、英国、法国、中国、印度；其中美国和俄罗斯拥有核潜艇最多．核潜艇的出现和核战略导弹的运用，使潜艇发展进入一个新阶段，装有核战略导弹的核潜艇是一支水下威慑的核力量．按照任务与武器装备的不同分为：攻击型核潜艇、弹道导弹核潜艇、巡航导弹核潜艇、实验用途核潜艇．

图 10.12　核潜艇

　　中国工程院首批院士，中国第一代核动力潜艇研制创始人之一，曾任核动力潜艇总设计师、中国核潜艇总体研究设计所所长的黄旭华被誉为"中国核潜艇之父"．

10.2.3　轻核聚变

　　1. 聚变　人们发现，当把某些轻核结合成质量较大的核时，能释放出比裂变更多的能量，这样的反应称为核聚变．例如，一个氘核和一个氚核结合，聚变成一个氦核（同时放出一个中子）时，平均每个核子放出的能量比裂变反应中平均每个核子放出的能量要大 3～4 倍.

$$H_1^2 + H_1^3 \Rightarrow He_2^4 + n_0^1 \tag{10.3}$$

　　2. 热核反应　使轻核发生聚变，必须使它们之间的距离小于 10^{-10} m．由于原子核都是带正电的，要使它们接近到这种程度，必须克服巨大的电磁力．用什么办法能使大量原子核获得足够的动能来产生聚变呢？

　　有一种办法，就是把它们加热到 1 000 万℃以上的高温，剧烈的热运动使得一部分原子核具有足够的动能，可以克服相互间的电磁力发生聚变．因此，聚变反应又叫热核反应．

　　3. 应用　轻核聚变的应用目前主要是在氢弹和"人造小太阳"两个方面．

　　氢弹是利用原子弹爆炸产生的高温来引起热核反应的，其威力往往相当于数百个原子弹，它的威力比原子弹大得多．1967 年 6 月 17 日，中国在西部地区上空成功地爆炸了第一颗氢弹，氢弹的爆炸成功，是中国核武器发展的又一个飞跃，如图 10.13 所示．

热核反应在宇宙中是很普遍的. 太阳内部和许多恒星内部的温度高达 1 000 万℃以上，热核反应在那里激烈地进行着. 太阳每秒钟辐射出来的能量约为 3.8×10^{26} J，就是由热核反应产生的. 地球只接受了其中的二十亿分之一左右，就使得地面温暖，万物生长.

核聚变能释放出巨大的能量，但目前人们只能在氢弹爆炸的一瞬间实现非受控的人工核聚变. 而要利用人工核聚变产生的巨大能量为人类服务，就必须使核聚变在人们的控制下进行，这就是受控核聚变.

图 10.13 氢弹

实现受控核聚变具有极其诱人的前景. 相比核裂变，核聚变几乎不会带来放射性污染等环境问题，而且由于核聚变所需的原料——氢的同位素氘，可以从海水中提取. 经过计算，1 L 海水中提取出的氘进行核聚变放出的能量相当于 300 L 汽油燃烧释放的能量. 全世界的海水几乎是取之不尽的，因此受控核聚变的研究成功将使人类摆脱能源危机的困扰.

但是人们现在还不能进行受控核聚变，这主要是因为进行核聚变需要的条件非常苛刻. 发生核聚变需要在 1 000 万℃的高温下才能进行，可以想象，没有什么材料能经受得住如此的高温. 此外还有许多难以想象的困难需要去克服.

托卡马克俗称"人造小太阳"，是一种通过约束电磁波驱动，创造氘、氚实现聚变的环境和超高温，并实现人类对聚变反应的控制，即利用磁约束来实现受控核聚变的环性装置，如图 10.14 所示. 它的名字 Tokamak 来源于环形、真空室、磁、线圈. 托卡马克的中央是一个环形的真空室，外面缠绕着线圈. 在通电的时候托卡马克的内部会产生巨大的螺旋形磁场，将其中的等离子体加热到很高的温度，以达到核聚变的目的. 在煤炭、石油一次性能源日渐枯竭且难以抑制环境污染的时候，清洁、安全而且原料取之不尽的可控热核聚变，成为人类替代能源的希望所在.

图 10.14 托卡马克

托卡马克最初是由位于苏联莫斯科的库尔恰托夫研究所的阿齐莫维齐等人在 20 世纪 50 年代发明的. 第二次世界大战末期，苏联和美、英各国曾出于军事上的考虑，一直在互相保密的情况下开展对核聚变的研究. 1954 年，第一个托卡马克装置在苏联库尔恰托夫原子能研究所建成. 1985 年，美国与苏联倡议开展一个核聚变研究的国际合作计划，要求"在核聚变能方面进行最广泛的切实可行的国际合作". 1987 年春，国际原子能机构总干事邀请欧共体、日本、美国、加拿大和苏联的代表在维也纳开会，讨论加强核聚变研究的国际合作问题，并达成了协议，四方合作设计建造国际热核实验堆. 1990 年，中国科学院等离子所（合肥）在霍裕平院士（见图 10.15）的带领下开始兴建大型超导托卡马克装置，1993 年 HT—7 建成，我国成为世界上继俄、法、日之后第四个拥有同类大型装置的国家. 中国在装置相关的超导、低温制冷、强磁场等研究都登上了新的台阶. 2000 年，HT—7 实验放电时间超过 10 s，标志着我国在这重大基础理论研究领域中进入世界先进行列. 2002 年 1 月 28 日，在我国成都的核工业西南物理研究院与中国科学院等离体物理研究所，基于超导托卡马克装置 HT—7 的可控热核聚变研究再获突破，实现了放电脉冲长度大于 100 倍能量约束时间、电子温度 2 000 万℃的高约束稳态运行. 2006 年 9 月 28 日，中国自主设计、自主建造而成的新一代热核聚变装置（EAST）首次成功完成放电实验，获得电流 200 kA、时间接近 3 s 的高温等离子体放电．EAST 成为世界上第一个建成并真正运行的全超导非圆截面核聚变实验装置．2006年，中国新一代 EAST 实现了第一次"点火"——激发等离子态与核聚变．很快，它就实现了最高连续 1 000 s 的运行，这在当时是前所未有的成就．2012 年 04 月 22 日，中国新一代 EAST 中性束注入系统完成了氢离子束功率 3 MW、脉冲宽度 500 ms 的高能量离子束引出实验．本轮实验获得的束能量和功率创下中国国内纪录，并基本达到 EAST 项目设计目标．这标志着中国自行研制的具有国际先进水平的中性束注入系统基本克服所有重大技术难关．中国科学院等离子体所在该方面的研究目前处于世界先进水平．据科学家估计，可控热核聚变的演示性的聚变堆将于 2025 年实现，商用聚变堆将于 2040 年建成．商用堆建成之前，中国科学家还设计把超导托卡马克装置作为中子源，和平用于环境保护、科学研究及其他途径．这一设想获得国内外专家的较高评价．

图 10.15　霍裕平（左一）与尹国盛（左二）

图 10.16　尹国盛在托卡马克模型旁

习 题

一、判断题

10.1　α 粒子散射实验说明了原子的正电荷和绝大部分质量集中在一个很小的核上．

（　　）

10.2　原子是由原子核和核外电子组成的． （　　）

10.3　原子核是由质子和中子组成的． （　　）

10.4　三种射线，按穿透能力由强到弱的排列顺序是 γ 射线、β 射线、α 射线．

（　　）

10.5　核反应遵循能量守恒，同时也遵循电荷数守恒． （　　）

10.6　爱因斯坦质能方程反映了物体的质量就是能量，它们之间可以相互转化． （　　）

10.7　目前的核电站多数是采用核聚变反应发电． （　　）

二、填空题

10.1　英国物理学家_____在研究阴极射线时发现了电子，提出了原子的"葡萄干蛋糕"模型．

10.2　1909～1911 年，英籍物理学家_____进行了 α 粒子散射实验，提出了核式结构模型．

10.3 原子中带正电部分的体积很小，但几乎占有全部质量，电子在正电体的外面运动，这是_____模型.

10.4 元素自发地放出射线的现象，首先是由_____发现的.

10.5 _____是指质量数较大的原子核受到高能粒子的轰击而分裂成几个质量数较小的原子核的过程.

10.6 轻核聚变是指两个轻核结合成质量较大的核的反应过程. 轻核聚变反应必须在高温下进行，因此又称为_____.

10.7 核子在结合成原子核时会出现质量亏损 Δm，其对应的能量为 $\Delta E =$ _____.

三、选择题

10.1 （多选）下列说法正确的是 （ ）

A. 汤姆孙首先发现了电子，并测定了电子电量，且提出了"葡萄干蛋糕"模型；

B. 卢瑟福做 α 粒子散射实验时发现绝大多数 α 粒子穿过金箔后基本上仍沿原来的方向前进，只有少数 α 粒子发生大角度偏转；

C. α 粒子散射实验说明了原子的正电荷和绝大部分质量集中在一个很小的核上；

D. 卢瑟福提出了原子核式结构模型，并解释了 α 粒子发生大角度偏转的原因.

10.2 在卢瑟福 α 粒子散射实验中，有少数 α 粒子发生了大角度偏转，其原因是

（ ）

A. 原子的正电荷和绝大部分质量集中在一个很小的核上；

B. 正电荷在原子内是均匀分布的；

C. 原子中存在着带负电的电子；

D. 原子只能处于一系列不连续的能量状态中.

10.3 不能用卢瑟福的原子核式结构模型得出的结论是 （ ）

A. 原子中心有一个很小的原子核；

B. 原子核是由质子和中子组成的；

C. 原子质量几乎全部集中在原子核内；

D. 原子的正电荷全部集中在原子核内.

10.4 下列核反应方程中，属于 α 衰变的是 （ ）

A. $^{14}_{7}N + ^{4}_{2}He \longrightarrow ^{17}_{8}O + ^{1}_{1}H$ B. $^{238}_{92}U \longrightarrow ^{234}_{90}Th + ^{4}_{2}He$

C. $^{2}_{1}H + ^{3}_{1}H \longrightarrow ^{4}_{2}He + ^{1}_{0}n$ D. $^{234}_{90}Th \longrightarrow ^{234}_{91}Pa + ^{0}_{1}e$

10.5 核反应方程 $^{9}_{4}Be + ^{4}_{2}He \longrightarrow ^{12}_{6}C + X$ 中的 X 表示 （ ）

A. 质子   B. 电子   C. 光子   D. 中子

10.6 下列哪一个不是利用重核裂变的原理 （ ）

A. 原子弹   B. 核电站   C. 核潜艇   D. 氢弹

10.7 下列哪一个不属于"两弹一星"的范畴 （ ）

A. 原子弹   B. 氢弹   C. 导弹   D. 卫星

四、简答题

10.1 原子是由什么组成的？

10.2 原子核是由什么组成的？

10.3 α 射线、β 射线和 γ 射线分别是什么粒子流？

10.4　爱因斯坦的质能关系用数学公式如何表示?

10.5　什么是裂变?

10.6　什么是聚变?

五、计算题

10.1　一质子束入射到静止靶核 $^{27}_{13}\mathrm{Al}$ 上，产生如下核反应:

$$\mathrm{p} + {}^{27}_{13}\mathrm{Al} \longrightarrow \mathrm{X} + \mathrm{n}$$

式中，p 代表质子;n 代表中子;X 代表核反应产生的新核. 由反应式可知，新核 X 的质子数和中子数各为多少?

六、论述题

10.1　请联系自己的学习、生活实际，谈谈对"核能"的理解、认识及应用. （题目自拟，写一篇不少于 800 字的议论文）

习题参考答案

第1章　质点的运动

一、判断题

1.1　（×）

1.2　（√）

1.3　（√）

1.4　（√）

1.5　（√）

1.6　（√）

1.7　（×）

1.8　（×）

1.9　（×）

1.10　（×）

1.11　（×）

1.12　（√）

1.13　（√）

1.14　（×）

二、填空题

1.1　形状、大小

1.2　不同

1.3　0、800

1.4　时间间隔

1.5　热力学温度、发光强度

1.6　12 m、−2 m

1.7　4 m

1.8　$\dfrac{3H}{4}$

1.9　平抛运动

1.10　匀速直线

1.11　不变、圆心

三、选择题

1.1　（D）

1.2　（A、C）

1.3　（D）

1.4　（B、D）

1.5　（B）

1.6　（B）

1.7　（B）

1.8　（B）

1.9　（B）

1.10　（B、D）

四、简答题（略）

五、计算题

1.1　$1\ m/s^2$

1.2　$-5\ m/s^2$

1.3　61.2 km/h

1.4　72 km/h

1.5　330 m

1.6　1.125 m

1.7　1.73 s

六、论述题（略）

第2章　牛顿运动定律

一、判断题

2.1　（√）

2.2　（×）

2.3　（×）

2.4　（×）

2.5　（×）

2.6　（√）

2.7　（×）

2.8　（√）

2.9　（√）

2.10　（×）

2.11　（√）

2.12　（×）

2.13　（×）

二、填空题

2.1　作用点

2.2　竖直向下

2.3　几何中心、悬挂法

2.4　$F = kx$

2.5　静摩擦力、滑动摩擦力

2.6　合力、分力

2.7　合力

2.8　力的分解

2.9　惯性定律

2.10　质量

2.11　相等、相反、同一条直线上

三、选择题

2.1　（D）

2.2　（B）

2.3　（C、D）

2.4　（C）

2.5　（C）

2.6　（A、C、D）

2.7　（A、B、D）

2.8　（D）

2.9　（A、B、C）

2.10　（C、D）

2.11　（C）

四、简答题（略）

五、计算题

2.1　2 N，4 m/s^2

2.2　120 N

2.3　2.0 m/s^2

2.4　690 N

2.5　0.71

2.6　（1）6 N　方向沿斜面向上

　　（2）12 N　方向沿斜面向上

2.7　$mg/\cos\theta$，$mg\tan\theta$

2.8　（1）2 m/s^2

　　（2）2 s

六、论述题（略）

第3章　动能和动量

一、判断题

3.1　（×）

3.2　(√)

3.3　(√)

3.4　(×)

3.5　(×)

3.6　(√)

3.7　(√)

3.8　(√)

3.9　(×)

3.10　(√)

3.11　(√)

3.12　(√)

3.13　(×)

二、填空题

3.1　力、位移

3.2　快慢

3.3　瓦（特）、W

3.4　运动、质量

3.5　动能的变化量

3.6　路径

3.7　减少、增加

3.8　动能、势能、保持不变

3.9　机械能

3.10　时间

3.11　动量

3.12　不受外力

3.13　远大于

三、选择题

3.1　(A、C、D)

3.2　(D)

3.3　(C)

3.4　(D)

3.5　(A)

3.6　(C)

四、简答题（略）

五、计算题

3.1　2 000 J、0

3.2　(1) 1 000 J

　　(2) 200 W

3.3　(1) 2 625 J、262.5 W

(2) 525 W

3.4　1.8×10^5 J

3.5　1.8×10^4 N

3.6　(1) 12 m/s

　　　(2) 1.1 m/s^2、0.02 m/s^2

　　　(3) 5×10^5 W

　　　(4) 4 s

3.7　(1) 5 m/s

　　　(2) 5 m

　　　(3) 7.5 m

3.8　2.45 m

3.9　1.2×10^5 N·s

3.10　1.0×10^4 N

3.11　2 kg

六、论述题（略）

第4章　热学

一、判断题

4.1　（√）

4.2　（√）

4.3　（√）

4.4　（√）

4.5　（√）

4.6　（×）

二、填空题

4.1　分子是在做无规则运动

4.2　引力

4.3　温度

4.4　290

4.5　$\dfrac{pV}{T} = C$

4.6　热量

4.7　做功

4.8　转化、转移

4.9　能量守恒定律

4.10　减少、25

三、选择题

4.1　（C）

4.2　（A）

4.3 （B）

4.4 （C）

4.5 （D）

4.6 （C）

四、简答题（略）

五、计算题

4.1 体积变为原来的 3 倍

4.2 2.46 atm

4.3 体积变为原来的 1.17 倍

4.4 3 L

4.5 气体的内能增加了，增加了 160 J.

4.6 2.0×10^5 J，吸热.

4.7 3.0×10^5 J，气体对外做功.

六、论述题（略）

第5章 静电场

一、判断题

5.1 （√）

5.2 （√）

5.3 （×）

5.4 （×）

5.5 （×）

5.6 （√）

5.7 （√）

5.8 （×）

5.9 （×）

5.10 （×）

5.11 （√）

5.12 （×）

5.13 （√）

二、填空题

5.1 转移、保持不变

5.2 $F = k \dfrac{q_1 q_2}{r^2}$

5.3 电场强度、电势

5.4 相互作用

5.5 切线方向

5.6 正电荷、负电荷

5.7 无关、始末位置

5.8 势能零点

5.9 标量、高（低）

5.10 降低、升高

三、选择题

5.1 （B）

5.2 （A）

5.3 （D）

5.4 （C）

5.5 （C）

5.6 （C）

5.7 （C）

四、简答题（略）

五、计算题

5.1 3.6×10^{-3} N

5.2 9.0×10^{-7} N/C

5.3 3.5×10^{-7} J

5.4 90 V

5.5 110 V

5.6 12 V

六、论述题（略）

第 6 章　恒定磁场

一、判断题

6.1 （×）

6.2 （×）

6.3 （√）

6.4 （×）

6.5 （√）

6.6 （×）

6.7 （√）

6.8 （×）

6.9 （×）

6.10 （×）

二、填空题

6.1 自由移动、电势差

6.2 安培、A

6.3 长度、横截面积

6.4 磁感应强度

6.5 切线

6.6 强

6.7 洛伦兹力

6.8 匀速直线、匀速圆周

6.9 电流（I）

三、选择题

6.1 （D）

6.2 （A、B、C）

6.3 （D）

6.4 （D）

6.5 （C）

6.6 （B、C）

6.7 （A）

6.8 （B）

6.9 （B）

四、简答题（略）

五、计算题

6.1 20 μA

6.2 2.0 A

6.3 6.0 V

6.4 3.00 V、2.88 V

6.5 0.04 Wb、0

6.6 1.5 N

六、论述题（略）

第7章 电磁感应

一、判断题

7.1 （√）

7.2 （√）

7.3 （×）

7.4 （√）

7.5 （×）

7.6 （√）

7.7 （√）

二、填空题

7.1 标量

7.2 磁通量、感应电流

7.3 感应电流

7.4 磁通量的变化率

7.5 电流、自感电动势

7.6 互感

三、选择题

7.1 （C）

7.2 （D）

7.3 （C）

7.4 （B）

7.5 （B、D）

四、简答题（略）

五、计算题

7.1 120 V

7.2 7.5×10^{-2} V

7.3 4.0×10^{-4} V

7.4 1 000 匝

六、论述题（略）

第8章 振动和波

一、判断题

8.1 （×）

8.2 （×）

8.3 （×）

8.4 （√）

8.5 （√）

8.6 （√）

二、填空题

8.1 $x = A\cos(\omega t + \varphi)$

8.2 距离

8.3 周期、T

8.4 传播机械振动的弹性介质

8.5 垂直

8.6 平行

三、选择题

8.1 （C）

8.2 （C）

8.3 （B）

8.4 （C）

8.5 （A）

8.6 （C）

四、简答题（略）

五、计算题

8.1 0.05 m、4π rad/s、2π/3.

8.2 311 V、0.02 s、50 Hz、−π/2.

8.3 0.05 m、8π rad/s、0.25 s、4.0 Hz、π/3.

8.4 0.5 m、5 Hz、2.5 m/s.

8.5 0.50 m、200 Hz、100 m/s、该波沿 x 轴正向传播.

8.6 6.9×10^{-4} Hz、10.8 h.

六、论述题（略）

第 9 章　光学

一、判断题

9.1 （√）

9.2 （×）

9.3 （√）

9.4 （×）

9.5 （×）

9.6 （×）

9.7 （√）

9.8 （√）

二、填空题

9.1 同一平面

9.2 3×10^8

9.3 9.46×10^{12}

9.4 恒定的相位差

9.5 相差不多

9.6 夫琅禾费衍射

9.7 横波

三、选择题

9.1 （A）

9.2 （C）

9.3 （D）

9.4 （B）

9.5 （D）

9.6 （D）

四、简答题（略）

五、计算题

9.1 2.0×10^8 m/s

9.2 （1）1.732

    （2）1.732 $\times 10^8$ m/s

9.3 −30 cm. 即像的位置在凹面镜的左侧距凹面镜顶点 30 cm 处.

六、论述题（略）

第 10 章 原子与原子核物理学

一、判断题

10.1 （√）

10.2 （√）

10.3 （√）

10.4 （√）

10.5 （√）

10.6 （×）

10.7 （×）

二、填空题

10.1 汤姆孙

10.2 卢瑟福

10.3 原子的核式结构

10.4 贝可勒尔

10.5 重核裂变

10.6 热核反应

10.7 Δmc^2

三、选择题

10.1 （B、C、D）

10.2 （A）

10.3 （B）

10.4 （B）

10.5 （D）

10.6 （D）

10.7 （C）

四、简答题（略）

五、计算题

10.1 新核 X 的质子数为 14，中子数为 13.

六、论述题（略）

参 考 文 献

[1] 尹国盛，宋太平，郭浩. 大学物理简明教程 [M]. 3 版. 北京：高等教育出版社，2018.

[2] 尹国盛，张忠锁，郭富强. 大学物理实验教程 [M]. 北京：高等教育出版社，2018.

[3] 尹国盛，刘学忠. 大学物理基础教程（全一册）[M]. 2 版. 北京：机械工业出版社，2016.

[4] 尹国盛，黄明举. 大学物理简明教程：上册 [M]. 2 版. 北京：高等教育出版社，2013.

[5] 尹国盛，顾玉宗. 大学物理简明教程：下册 [M]. 2 版. 北京：高等教育出版社，2013.

[6] 尹国盛，张伟风. 大学物理学：上册 [M]. 武汉：华中科技大学出版社，2012.

[7] 尹国盛，顾玉宗. 大学物理学：下册 [M]. 武汉：华中科技大学出版社，2012.

[8] 尹国盛，党玉敬，杨毅. 大学物理思考题和习题选解 [M]. 北京：机械工业出版社，2011.

[9] 尹国盛，杨毅. 大学物理基础教程（全一册）[M]. 北京：机械工业出版社，2011.

[10] 尹国盛，张果义. 大学物理精要 [M]. 郑州：河南科学技术出版社，1997.

[11] 尹国盛，夏晓智. 大学物理简明教程（上）[M]. 武汉：华中科技大学出版社，2009.

[12] 尹国盛，郑海务. 大学物理简明教程（下）[M]. 武汉：华中科技大学出版社，2009.

[13] 尹国盛，杨毅. 大学物理：上册 [M]. 北京：机械工业出版社，2010.

[14] 尹国盛，彭成晓. 大学物理：下册 [M]. 北京：机械工业出版社，2010.

[15] 王倩. 物理 [M]. 镇江：江苏大学出版社，2013.

[16] 王倩. 物理辅导与自测 [M]. 镇江：江苏大学出版社，2013.

[17] 人民教育出版社课程教材研究所物理课程教材研究开发中心. 物理 [M]. 3 版. 北京：人民教育出版社，2010.